U0291378

茅洲河

流域暗涵综合整治

主 编　唐颖栋
副主编　邵宇航　楼少华

中国水利水电出版社
www.waterpub.com.cn
·北京·

内 容 提 要

　　本书以茅洲河流域排水暗涵整治为例，阐述了排水暗涵排查、整治、管理等暗涵整治的技术体系，介绍了水力冲洗车、小型装载机、清淤机器人等新技术在暗涵清淤中的应用，提出了高密度建成区暗涵隐患修复、暗涵截污整治与暗涵管理的技术方案。全书共 6 章，包括茅洲河流域概况及暗涵整治、暗涵调查及检测、暗涵整治技术、暗涵设施改造及管理维护、暗涵整治案例以及总结与展望。

　　本书可供相关部门的管理者和设计、科研单位的技术人员阅读，也可供高校相关专业师生参考。

图书在版编目（ＣＩＰ）数据

　　茅洲河流域暗涵综合整治 / 唐颖栋主编. -- 北京：
中国水利水电出版社，2021.12
　　ISBN 978-7-5226-0378-0

　　Ⅰ. ①茅… Ⅱ. ①唐… Ⅲ. ①流域－排水－涵洞－综合治理－深圳 Ⅳ. ①TV65

中国版本图书馆CIP数据核字(2022)第005360号

书　　　名	**茅洲河流域暗涵综合整治** MAOZHOU HE LIUYU ANHAN ZONGHE ZHENGZHI
作　　　者	主编　唐颖栋　副主编　邵宇航　楼少华
出 版 发 行	中国水利水电出版社 （北京市海淀区玉渊潭南路 1 号 D 座　100038） 网址：www.waterpub.com.cn E-mail：sales@mwr.gov.cn 电话：(010) 68545888（营销中心）
经　　　售	北京科水图书销售有限公司 电话：(010) 68545874、63202643 全国各地新华书店和相关出版物销售网点
排　　　版	中国水利水电出版社微机排版中心
印　　　刷	北京印匠彩色印刷有限公司
规　　　格	170mm×240mm　16 开本　11 印张　228 千字
版　　　次	2021 年 12 月第 1 版　2021 年 12 月第 1 次印刷
印　　　数	001—800 册
定　　　价	**80.00 元**

序

茅洲河是深圳市第一大河，也是深圳的母亲河，经历了流域工业化、城镇化高速发展。20世纪80年代以后，经济、人口爆发式增长，茅洲河流域因环保基础设施建设长期滞后、环境管理相对薄弱而造成重度污染，逐渐成为广东省乃至全国污染最严重、治理难度最大、治理任务最紧迫的河流之一。

2015年4月，国务院正式颁布"水十条"，水环境治理上升为国家战略。广东省深圳市改变原有的"碎片化"治理模式，以超常规的举措，全面开展治水提质攻坚战。深圳市委书记亲自担任茅洲河河长（深圳），开启了水环境治理新征程，让茅洲河焕发出新的活力。

治理城市黑臭水体，修复生态环境非一朝一夕可以功成。各级领导高度重视，提出"所有工程必须为治水工程让路"，并多次赴现场"低调暗访，高调曝光"，协调治理工程中遇到的问题，为项目顺利推进提供了有力保障。茅洲河治理实践也展现出深圳市、区街道各级干部敢于担当的精神风貌。

茅洲河流域水环境治理总体上按照"控源截污、内源治理、活水保质、生态补水"的基本思路。然而，深圳属于高密度建成区，城区排水暗涵分布范围广，内部底泥淤积与黑臭现象普遍，使得水环境治理具有不同于其他城市的特点与难点。鉴于此，中国电建集团华东勘测设计研究院有限公司生态环境工程院副院长唐颖栋等专家编著了《茅洲河流域暗涵综合整治》，及时总结了在暗涵整治技术与工程方面的探索与应用，特别是总结了高密度建成区中暗涵水环境整治的研究与实践，为业界提供交流和参考。该书理论与实践相结合，既突出了知识应用，又包含了部分工程实践的第一手资料，具有很强的针对性和实用性，为目前我国其他城市和地区水环境改善提供了很好的借鉴和参考。

经过五年的治理，如今茅洲河"水清岸绿、人水和谐"的美丽画卷沿河徐徐展开，成为深圳践行"绿水青山就是金山银山"理念、推进生态治理与建设生态文明的一个案例和范本。"流浪"近20年的皮划艇队回归茅洲河，停办多年的龙舟赛重新开赛，茅洲河治理成效也在中央电视台《共和国发展成就巡礼》《美丽中国》纪录片中展示，成为市民流连忘返的"生态河"，再现水清岸绿、鱼翔浅底的美丽景象。

希望该书的出版，能分享水环境治理的深圳经验，对全国各地河流生态修复工作有所启迪，推动我国水环境治理工作的科学发展。

南方科技大学讲席教授
北京生态修复学会理事长
欧洲科学院院士

2021 年 9 月 8 日

前言

河道水环境整治的核心在于构建厂-网-河一体化的排水收集和处理系统，而其中又属排水管网的建设难度最大、历时最长、覆盖面最广。在城市发展过程中受用地限制，越来越多的河道上游毛细支流被覆盖变为排水暗涵。排水暗涵作为雨洪排放的重要一环，是城市重要的基础设施。但以往对于排水暗涵往往采取粗放式的管理，导致其内部结构破损，排水口污水雨水混流严重，影响城市水环境改善和公共安全。

本书以茅洲河流域排水暗涵整治为例，阐述了排水暗涵排查、整治、管理等暗涵整治技术，介绍了三维激光扫描排查、污染物溯源、清淤机器人等新技术在暗涵整治中的应用，提出了高密度建成区暗涵隐患修复、暗涵截污整治与暗涵管理技术方案，并结合实际案例进行了介绍。

本书的主编单位中国电建集团华东勘测设计研究院有限公司（简称华东院）已在水环境治理领域参与了多项重大治水项目，不仅包括深圳茅洲河水环境综合整治工程、郑州贾鲁河综合治理工程、北京通州城市副中心水环境治理、安徽阜阳水环境综合治理等超大型水环境EPC 和 PPP 项目，还包括杭州市大部分重要的水环境治理项目，如京杭大运河、中东河、西溪湿地、西湖综保、G20 峰会水下升降舞台、千岛湖引水等工程，华东院已经成为我国水环境治理设计和建设领域的排头兵企业。

本书适合从事水环境治理工程科研、规划、设计、施工、管理、运营等工作的技术人员和管理人员阅读。本书在编写过程中得到了中电建生态环境集团有限公司、深圳市宝安区水务局、深圳市光明区水务局、中国电建集团昆明勘测设计研究院有限公司、中国电建集团西北勘测设计研究院有限公司、深圳市水务规划设计研究院、水电水利规划设计总院等单位以及众多水环境治理专家的支持。感谢中电建生态公司茅洲河指挥部陶明、龙章鸿、汤唯明等以及深圳市宝安区水务局李育基、李军等在本书撰写过程中给予的指导与支持。在编写过程中，作者参考引用了同行公开发表的有关文献与技术资料，在此一并表示感谢。本书中难免存在疏漏或不足之处，敬请批评指正。

城市水环境治理任重道远，路漫漫其修远兮，吾将上下而求索，望有志之士一同携手共进。

谨以此书庆祝中国共产党建党 100 周年！

作者

2021 年 7 月

目录

第1章

茅洲河流域概况及暗涵整治

1.1　茅洲河概况

1.1.1　地理位置及流域基本情况

　　茅洲河是深圳境内第一大河流，位于经济发达的珠江口区域，横跨两市（东莞市、深圳市），涉及两区（宝安区、光明区）和一镇（东莞市长安镇）。茅洲河流域属珠江三角洲水系，流域面积 388.23km² （包括石岩水库以上流域面积），其中深圳市境内面积 310.85km²，河床平均比降 0.88‰，多年平均径流深860mm；东莞市长安镇境内流域面积 77.38km²。

　　茅洲河发源于深圳市境内的羊台山北麓，由南向北，流经深圳市光明区、宝安区以及东莞市长安镇。河流上游流向为自南向北，到中游后折向西，入伶仃洋出海。流域三面由低丘山区环绕，西面向海，中部为零星低丘的冲积平原区，地势较低。茅洲河河床比降比较平缓，下游平原区比降约为 0.6‰，易受潮水顶托。其中塘下涌—河口的 11.4km 河段为深圳与东莞的界河，界河段右岸为东莞长安镇；左岸沙井河以上为深圳宝安区松岗街道，以下为宝安区沙井街道。

　　河道上游光明区位于深圳市西北部，东至龙华区观澜观城办事处，西接宝安区松岗街道，南抵石岩街道，北临东莞市黄江镇。光明区中心位置位于北纬22°46′34.20″，东经113°54′44.22″。平面呈块状分布，东西长约 16km，南北长约 17km，总面积 156.1km²。光明区茅洲河流域内总的地势为东北高西南低，其中楼村桥以上（两岸主要支流有玉田河、鹅颈水、大凼水、东坑水、木墩河、楼村水等）长约 8km 的河道，地形地貌属于低山丘陵区；从楼村桥至塘下涌（两岸主要支流有新陂头水、西田水、白沙坑水、上下村排洪渠、罗田水、合水口排洪渠、公明排洪渠、龟岭东水、老虎坑水等）长约 9km，地形地貌以低丘盆地与

1

平原为主。

河道下游左岸的宝安区位于深圳市的西北部，位于东经113°52′，北纬22°35′，全区面积733km²，海岸线长30.62km。宝安南接深圳经济特区，北临东莞市，东与东莞市及光明区接壤，西滨珠江口，是深圳的工业基地和西部中心，依山傍海，风景秀丽，物产丰富，陆、海、空交通便利，地理位置优越。

宝安区全区地形地貌以低丘台地为主，总的地势是东北高西南低，东北部主要为低山丘陵地貌，西南部地区多为海滩冲积平原，地形平坦，山地较少。

宝安区地貌单元属深圳市西北部台地丘陵区和丘陵谷地区，主要地貌类型为花岗岩和变质岩组成的台地丘陵和冲积、海积平原，地势错综复杂，类型颇多，山地、丘陵、台地、阶地、平原相间分布，全境地势南高北低，境内按地势高低可分为台地平原区和丘陵谷地区。

（1）台地平原区：该区位于宝安区的西部，呈弧形分布，除罗田一带分布有45～80m的高台地外，其余广布着两级和缓的低台地，第一级为5～15m，第二级为20～25m。河谷下游分布着冲积平原，沿海分布海积平原，这些平原为5m以下的地形面。台地平原区是深圳市最低平的地区。

（2）丘陵谷地区：该区位于宝安区的东部，区内主要分布低丘陵和高台地。低丘陵代表高程为100～150m；高台地代表高程为40～80m。高丘陵主要分布在河流两侧。区内较高的山峰有羊台山（587m）、鸡公山（445m）。主要山系羊台山系，位于该区的中部，由横坑、羊台山、仙人塘、油麻山、黄旗岭、凤凰岭、大茅山、企坑山等组成，从观澜一直延伸到西乡大茅山、铁岗一带，主峰高587m。

河道下游西岸长安镇地处东莞市的西南部，位于北纬22°32′～23°09′，东经113°46′～114°06′，东至茅洲河与深圳相邻；西至东引运河上角段，与虎门镇相邻；南临长安新区；北至莲花山峰（分水岭）与大岭山镇接壤。东西横贯约15km，南北约跨7km，面积83.4km²。107国道、S358省道和广深珠高速公路均贯穿整个长安镇，为长安镇提供优越的对外交通条件。

长安镇的山脉、丘陵多分布在北部，面积为20916亩❶，占全镇总面积的16.6%，山脉以海拔513.4m的莲花山为主峰，全长约18km。东起涌头社区的白石山、西至上角社区的铜鼓山，起伏和缓，横亘在长安北部。紧靠山脉的是丘陵，丘陵除部分小山外，多是地势较高的山坑山。长安镇的中部是一片平原，土地肥沃，河涌纵横，北引山区之水灌溉农田，南通珠江口，现多为建设区，其内散落零星小山包。

1.1.2 水文气象

茅洲河及其支流属雨源型河流，径流年内、年际分配不均匀，与降雨密切相

---

❶ 1亩≈667m²。

关，雨季出现较大洪峰，旱季流量较小。根据相关资料查得茅洲河流域的多年平均年降雨量为1700mm，多年平均年径流深为850mm，年径流变差系数 C_v 为0.38。

茅洲河流域属南亚热带海洋性季风气候区，气候温和湿润，雨量充沛。由于区域内地理条件不一，降雨量时空分配极不平衡，易形成局部暴雨和洪涝灾害；夏季常受台风侵袭，往往造成灾害性天气。

茅洲河流域内设有石岩、罗田两个雨量观测站。石岩雨量站位于流域上游石岩水库区内，1960年设立，观测降雨至今；罗田雨量站位于流域中游一级支流罗田水上的罗田库区内，设立于1959年，观测降雨至今。根据流域内罗田、石岩雨量站降雨系列（1961—2014年）分析，多年平均年降雨量分别为1630mm、1604mm。降雨年际变化较大，最大年降雨量分别为2386mm、2382mm，最小年降雨量分别为879mm、777mm。降雨年内分配极不均匀，汛期（4—9月）降雨量大而集中，分别约占全年降雨总量的86%、84%，且降雨强度大，多以暴雨形式出现，易形成洪涝灾害。降雨量在地区上的分布，主要受海岸山脉等地貌带影响，呈东南—西北逐步递减的趋势。形成这种空间分布的原因是夏季盛行东南及西南风，西南风与大致东南走向的海岸山脉相交，使水汽抬升而形成较大暴雨。西北部气流受到了海岸山脉的阻隔，故暴雨强度较深圳其他地区小。

1.1.3 人口经济概况

1.1.3.1 用地状况

采用卫星遥感数据分析流域土地利用状况。对茅洲河流域内近年的土地利用数据进行分类（水体、农用地、建设用地、裸露地、城市绿地、林地等）统计，并分析流域内的土地利用变化情况。

2012年茅洲河流域土地利用分类情况为：建设用地137.94km²，占流域面积的45.6%；林地67.18km²，占流域面积的22.2%；城市绿地30.10km²，占流域面积的10.0%，见表1.1-1。

表1.1-1　　　　　　　　　　茅洲河流域土地利用状况

类型	建设用地	林地	城市绿地	裸露地	农用地	湖库坑塘	水体	采石场	湿地
面积/km²	137.94	67.18	30.1	26.9	23.4	12.01	2.13	1.83	0.94
比例/%	45.6	22.2	10.0	8.9	7.7	4.0	0.7	0.6	0.3

1.1.3.2 人口概况

茅洲河流域内包括宝安区松岗、沙井、新桥、燕罗4个街道，光明区马田、公明、新湖、凤凰、光明 5 个街道，东莞市长安镇，合计 9 区一镇。根据《宝安年鉴 2020 卷》资料，2019 年茅洲河流域深圳一侧相关各街道共有 167.45 万人。其中宝安区 4 个街道合计人口 114.02 万人；光明区 5 个街道合计人口 53.43 万人（见表 1.1-2）。东莞市长安镇人口约 66 万人。

表 1.1-2　　　　　　　　2019 年茅洲河流域主要街道人口统计

行政区	街道	人口数量/万人	行政区	街道	人口数量/万人
宝安区	沙井	38.25	光明区	马田	18.23
	新桥	28.52		公明	12.84
	松岗	32.23		新湖	7.42
	燕罗	15.02		凤凰	8.74
				光明	6.20

1.1.3.3　经济概况

近年来，茅洲河流域的经济虽然一直保持着良好的发展势头，但其发展水平及发展速度仍低于宝安区以及深圳市的平均水平。从产业结构来看，茅洲河流域的第二产业仍为发展的主力军，工业生产仍以低附加值的"三来一补"加工产业为主，企业生产规模较小，污染企业数量多。但随着高新技术产业、高端制造业及第三产业的迅速发展，茅洲河流域的工业转型态势良好，正在向着产业结构高端化的阶段逐渐转型。

根据 2019 年的经济统计结果，茅洲河流域深圳一侧相关的 9 个街道地区生产总值近 2000 亿元，其中沙井街道最高，光明街道最低（见表 1.1-3）。

表 1.1-3　　　　2019 年茅洲河流域深圳一侧相关街道地区生产总值情况

行政区	街道名称	地区生产总值/亿元	行政区	街道名称	地区生产总值/亿元
光明区	马田	202	宝安区	松岗	238
	凤凰	228		沙井	404
	新湖	109		燕罗	266
	公明	122		新桥	285
	光明	93			

1.1.4　水资源情况

茅洲河水系分布呈树枝状，其中二级、三级与四级支流分别为 25 条、27 条和 6 条。茅洲河上游流向为由南向北，由于河底高程差较大水流较急，其右岸支流较发达，包括石岩河、东坑水等支流；中游流向为由东向西，水流较上游渐缓，且河岸更为宽阔，右岸支流仍较发达，包括罗田水、西田水等；下游由东北流向西南方向，后汇入珠江口，此段地形平坦且河道较宽，左岸支流相对发达，如沙井河、排涝河等。

茅洲河流域降雨时间与空间存在分配不均的现象，而台风和暴雨导致城市极易发生内涝。首先，茅洲河下游宝安片区处于感潮河段，河道干流汇入珠江口，河口受潮位影响较大，加之河道两岸地势较低，因此洪涝事件较为频繁。其次，茅洲河河道系统治理仍然不足，河道断面不够宽阔，使得茅洲河流域防洪能力相对弱。最后，河道生态失衡，破坏效应明显，茅洲河河岸质地发生了较大改变，加上两岸工厂排污造成的水体污染，导致茅洲河生态缓冲保护能力大大下降，同时两岸生产及生活垃圾影响使得茅洲河流域的河道空间受到较大程度的破坏，河流难以进行有效的自身生态修复。茅洲河是珠江三角洲水体污染最严重的河流之一，降雨径流污染导致的面源污染是茅洲河流域水环境恶化的重要原因，且河道天然径流小、部分区域水动力条件较差，导致径流污染带来的灾害进一步加剧。茅洲河流域水环境的典型特征为洪涝频发、水体污染严重和水动力条件差等（见图 1.1-1），流域水安全正面临较大的挑战。

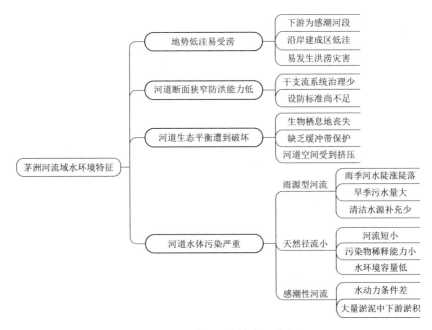

图 1.1-1　茅洲河流域水环境特征

1.1.5　区域污水处理厂运行现状

茅洲河流域范围内共有 9 座污水处理厂，其中深圳宝安片区有两座污水处理厂，分别为沙井水质净化厂（一期、二期）和松岗水质净化厂（一期、二期）；深圳光明区有两座污水处理厂，分别为公明水质净化厂和光明水质净化厂（一期、二期）；东莞长安镇有两座污水处理厂，分别为长安新区污水处理厂和三洲水质净化厂。这些污水处理厂的处理规模及出水标准见表1.1-4：

表1.1-4 茅洲河流域污水处理厂

序号	名 称	规模/(万t/d)	排放标准	备 注
1	沙井水质净化厂（一期）	15	一级A	
2	沙井水质净化厂（二期）	35	地表准Ⅳ类	
3	光明水质净化厂（一期）	15	一级A	
4	光明水质净化厂（二期）	15	地表准Ⅳ类	
5	松岗水质净化厂（一期）	15	一级A	
6	松岗水质净化厂（二期）	15	地表准Ⅳ类	
7	公明水质净化厂	10	一级A	
8	长安新区污水处理厂	40	一级A	近期处理规模为20万t/d
9	三洲水质净化厂	15	地表准Ⅳ类	
	合计	175		

本书着重针对宝安片区的污水处理厂及排水现状进行分析。

1.1.5.1 沙井水质净化厂（一期）

根据2019年1月1日—2019年10月31日的流量监测数据，日平均进水量为16.1万m^3/d，其中，最大日进水量为21.1万m^3/d；根据2019年1月1日—10月31日的进水水质监测数据，COD日平均进水浓度为227.99mg/L，BOD进水浓度为70.48mg/L，BOD/COD比率为0.3，其中COD和BOD进水浓度在10月以后有较好提升。根据2019年1月1日—2019年10月31日的进水水质监测数据，氨氮日平均进水浓度为25.91mg/L。

1.1.5.2 沙井水质净化厂（二期）

根据2019年1月1日—2019年10月31日的流量监测数据，日平均进水量为27.21万m^3/d，其中，最大日进水量为35.1万m^3/d；根据2019年1月1日—2019年10月31日的进水水质监测数据，COD日平均进浓度为324.36mg/L，BOD进水浓度为99.79mg/L，BOD/COD比率为0.3，BOD进水浓度接近100mg/L。根据2019年1月1日—2019年10月31日的进水水质监测数据，氨氮日平均进水浓度为25.10mg/L。

1.1.5.3 松岗水质净化厂（一期）

根据2019年1月1日—2019年10月31日的流量监测数据，日平均进水量为 13.41 万 m³/d，其中，最大日进水量为 20.2 万 m³/d。

根据 2019 年 1 月 1 日—2019 年 10 月 31 日的进水水质监测数据，COD 日平均进水浓度为 172.36mg/L，BOD 进水浓度为 62.60mg/L，BOD/COD 比率为 0.36。根据 2019 年 1 月 1 日—2019 年 10 月 31 日的进水水质监测数据，氨氮日平均进水浓度为 24.3mg/L。

1.1.5.4　松岗水质净化厂（二期）

根据 2019 年 1 月 1 日—2019 年 10 月 31 日的流量监测数据，日平均进水量为 16.81 万 m³/d，其中，最大日进水量为 21.0 万 m³/d。根据 2019 年 1 月 1 日—2019 年 10 月 31 日的进水水质监测数据，COD 日平均进水浓度为 265.93mg/L，BOD 进水浓度为 79.01mg/L。BOD/COD 比率为 0.297。根据 2019 年 1 月 1 日—2019 年 10 月 31 日的进水水质监测数据，氨氮日平均进水浓度为 21.8mg/L。

根据上述分析，2019 年沙井水质净化厂（一期）平均处理水量为 16.42 万 t，约为设计规模的 109.5%；沙井水质净化厂（二期）平均处理水量为 27.16 万 t，为设计规模的 77.6%；松岗水质净化厂（一期）13.41 万 t，为设计规模的 89.4%；松岗水质净化厂（二期）平均处理水量为 16.81 万 t，为设计规模的 112.1%。宝安片区平均处理规模为 73.8 t/d，为设计规模的 92.2%，主要受沙井水质净化厂（二期）影响，没有达到设计处理规模。进水水质方面，除沙井水质净化厂（二期）BOD 进水浓度超过 100mg/L 以外，其他均未超过，其中松岗水质净化厂（二期）BOD 进水浓度仅为 62.2mg/L。COD 进水浓度除沙井水质净化厂（二期）以外，均在 220mg/L 上下。

综上所述，目前区域污水处理规模接近设计规模，但除了沙井水质净化厂（二期）以外，污水进厂浓度偏低，排水管网污水收集效率较低。

1.2　茅洲河治理

1.2.1　茅洲河治理历程

茅洲河流域水环境治理由来已久，随着治水理念及政策的不断演进，茅洲河流域水环境治理策略与时俱进，不断引领前沿、创新思路与技术，已成为国内各大城市的治水典范。茅洲河治理历程主要经历了截排系统、雨污分流、正本清源等几个阶段。

1.2.1.1　以截排系统为主的水环境治理

在茅洲河综合治理前，即 2000—2003 年，在深圳市政府注重水环境基础设施建设的政策下，流域内已建成大量市政排水管网及污水处理厂，污水干管系统得以完善，然而排水管网错接乱排的现象十分严重，污水随着雨水管渠入河，造成严重污染。因此，针对大量大口径的合流管和合流箱涵，沿河设置截流井，将污水收集后输送至水质净化厂成了主要措施。这一阶段存在的主要问题是大量的截流雨水超出下游污水管网与污水处理厂承受能力，造成溢流污染；此外，截流井及截流管易发生堵塞，导致截流井失效。

针对上述问题，茅洲河流域开始探索新的污水收集系统建设，并形成了截污箱涵收集系统，即"大截排"系统。"大截排"系统的初衷是解决面源污染问题，但实质上成了一种规模更大的收集系统，通过设置高截流倍数（10~15 倍）箱涵收集合流污水，经调蓄池一级处理后排放。该系统既没有从源头解决污染问题，也对末端污水处理厂带来了很大的冲击负荷。管网系统高水位运行，污水处理能力有限，大部分面源污染未被处理进入河道，尤其是雨天时溢流污水直排，携带大量污染物入河，造成严重污染。点源、面源污染交织，导致茅洲河流域水污染形势更为复杂。

1.2.1.2　以雨污分流为主的水环境治理

2000—2015 年，受城市建设条件、建设速度与日益严格的环境条件约束，茅洲河流域采取了"大截排"等"非常之法"，短时间内发挥了拦截污染的作用，同时也带来了诸多隐患，大截排系统并没有从源头实现污水的剥离，系统内常混掺大量雨水、地下水，河道的生态基流锐减。

2015 年 4 月，国务院正式发布《水污染防治行动计划》（以下简称"水十条"），要求计划单列市于 2017 年建成区污水基本实现全收集、全处理。2015 年 6 月，深圳市人民政府发布相关行动方案，重点提出要严格控制污染物排放、加强完善水污染治理设施体系。2015 年 7 月，深圳市发布治水提质相关规划，提出要注重治水提质，以完善管网治污设施系统为核心和重点之一，打通提升水环境质量关键节点。为进一步推进与城市发展相匹配的城市基础设施建设，深圳雨污水系统建设进入了大分流时代。

2015 年 10 月，茅洲河总体方案按照"源-迁-汇"的污染物迁移路径，梳理了完善污水系统的系列工程项目。中国电力建设集团有限公司依托茅洲河综合治理（宝安片区）EPC 项目，梳理 46 项、6 大工程，开启了大分流时代的初步探索。茅洲河宝安片区全面开展织网成片建设工作，建成雨污分流管网超 1000km，完善了一级、二级、三级干管系统，大部分新村、少量公建实施雨污分流，工业区外部预留污水接入口，打通了污水系统的"大动脉"，系统改善了流域整体水环境，水质有了大幅提升。

1.2.1.3　以正本清源为主的水环境治理

2017 年，在工程实践中发现，由于大面积的工业区内部基本保留合流制，大部分公建、少量新村内部未进行雨污分流，源头混接严重，干管分流不能发挥实效。因此，茅洲河宝安片区进一步针对沙井、新桥、松岗、燕罗 4 个街道 22 个片区开展了正本清源的设计工作，目的在于建成"工业企业及公建内部支管-次干管-主干管-污水处理厂"完整的污水收集体系，根本改善片区的水环境质量，解决了污水从源头开始收集并通过顺畅的通道进入处理终端的问题。

1.2.2 茅洲河水质改善情况

根据河道水质监测结果，自然水体中较容易超标的水质指标主要是氨氮、总磷等。因此河道水质分析主要对这两种指标来进行分析。茅洲河共和村断面水质变化情况见图 1.2-1。

茅洲河共和村断面水质结果显示：自 2015 年 9 月到 2018 年年底，COD 由 70mg/L 降至 20mg/L，削减率为 71%，COD 在 2017 年年底已达到地表 V 类水指标；NH_3-N 由 2015 年 21mg/L 下降至 2018 年年底在 3mg/L 左右，削减率

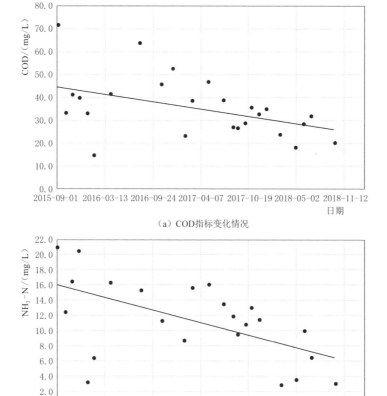

（a）COD指标变化情况

（b）NH_3-N 指标变化情况

图 1.2-1（一） 茅洲河共和村断面水质变化情况

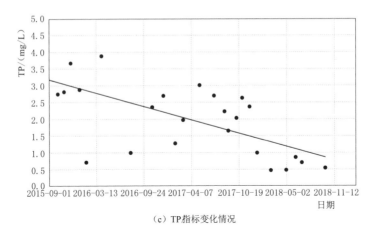

（c）TP指标变化情况

图 1.2-1（二）　茅洲河共和村断面水质变化情况

为 85.7%，但水质仍为地表劣 V 类水；TP 由 2015 年的 2.7mg/L 降至 2018 年的
0.5mg/L，削减率为 81%，但仍为地表劣 V 类水。

茅洲河洋涌河大桥断面水质结果显示，NH_3-N 由 2015 年最高 26mg/L 下
降至 2018 年年底的 3mg/L 左右，削减率为 88.4%，但水质仍为地表劣 V 类水，
见图 1.2-2。

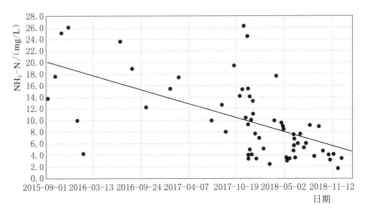

图 1.2-2　茅洲河洋涌河大桥断面水质变化情况

从茅洲河水质变化情况来看，经过近几年相关工程的整治，水质实现了历史性
的好转，茅洲河共和村断面和洋涌河大桥断面均消除了黑臭水体（见图 1.2-3）。

1.2.3　阶段性整治存在问题

尽管经过 2016—2018 年近三年的整治，茅洲河水质出现历史性好转，消除
了黑臭水体，但随着工程深入推进，在对流域系统梳理过程中，发现区域中仍存

（a）整治前

（b）整治后

图 1.2-3　茅洲河整治前后水质变化明显

在诸多问题，其中以排水暗涵的污染问题尤为突出。

　　根据初步调研，茅洲河片存在大量的排水暗涵，暗涵中雨污水混流严重，图1.2-4所示为暗涵整治前污水通过暗涵直接排放到河中的照片。为确保旱季污水不入河，部分暗涵在入河前的末端设置了大量的截流井，但暗涵中水量较大，下游截流管道尺寸增加，致使降雨时大量雨水混入市政污水系统；且受市政管网高水位影响，污水又倒灌回河道，致使河道大面积

图 1.2-4　暗涵整治前污水
通过暗涵直排入河

污染，成为制约水质改善的关键性因素。为确保茅洲河水质能够进一步得到改善，需要对排水暗涵进行综合治理，但针对排水暗涵的治理，仅停留在结构性修

复或局部改造上，对于以水质改善为目标的暗涵整治，目前国内有针对性的治理案例并不多。

1.3 城市排水暗涵整治现状与发展

以往的水环境治理多针对径流量较大的城市主干河道，经过多年的水污染治理实践和技术研究，人们对河道水环境治理有了较为深刻的认识，但是对排水暗涵、暗渠，小微型水体的治理仍然是水污染治理的盲区和死区。这部分设施作为重要的泄洪和排水通道，同样影响城市防洪排涝与水环境质量。

1.3.1 排水口调查研究进展

暗涵中的排水口具有分散、隐蔽、不确定性强等特点。对暗涵中排水口进行精准定位是暗涵改造工作的前提。常规的测量工作主要采用人工摄像＋全站仪组合定位。人工摄像＋全站仪测量组合方法作为传统测量暗涵排水口调查方式，可以清楚查明暗涵内错接乱接、偷排情况，具有成像直观、排水口定位精度高，以及可以准确测量管道暗涵平面位置、纵横断面等特点，但此操作方式需要人员下涵作业，同时操作配合的人数较多。暗涵排水口调查属于有限空间作业，暗涵中存在有毒有害气体，每年全国有限空间作业都要发生多起中毒伤亡事故，多人同时下涵作业，安全风险更大。因此，为了保障人员安全，此方法一般只在作业空间大、通风条件良好的暗涵使用。

为更好地完成暗涵排水口调查工作，三维激光扫描技术被引入暗涵排水口调查。三维激光扫描技术是 21 世纪出现的一种新兴测量技术，表现为高测量精度、高效率、实景可视化，这项世界前沿技术已在部分发达国家和地区开始应用，如地震变形事件的监测，建设项目的建模、道路、管道及建筑等文物的保护。

三维激光扫描技术在国内的研究与应用虽然起步较晚，但发展迅速，在许多领域甚至处于国际前列。利用三维点阵式云数据分析和大数据实时提取森林树木的树体胸径、树高、材料体积、树冠的总体积及树木表面积等多种相关测量因子，对基本设计理论及实际适用性问题进行深入研究，奠定了三维激光扫描技术在林业广泛应用的基础。如成都理工大学基于三维激光扫描技术，以锦屏水电站开挖边坡为研究对象，开展了为期近两年的现场扫描工作，取得系列成果。

三维激光扫描技术具有定位准、精度高、扫描快、成果准确性较高等特点，在对作业要求较高的场景现状构筑物、建筑物调查方面具有较好的应用价值。

三维激光扫描技术在暗涵排水口调查中对暗涵尺寸有一定的要求，对于暗涵尺寸小于 1.3m 的小尺寸暗涵，其工作效率低下、操作难度大。为解决这个问题，常使用管道闭路电视内窥法和管道潜望镜等快速灵活的检测形式对暗涵排水口进行调查。

管道闭路电视内窥法（Closed Circuit Television，CCTV）是一项新型的应用工程技术，它采用先进的管道内窥电视检测系统（可配备声呐、热成像等多种探头），在管道内自动爬行，连续、实时探测并记录管道内部的实际情况。技术人员根据摄像系统拍摄的录像资料，对管道内部存在的问题进行实地位置的确定、缺陷性质的判断。CCTV 具有实时性、直观性、准确性和一定的前瞻性等特点，可为全面了解管涵内部状况提供可靠的技术依据。具体 CCTV 设备及内窥影像见图 1.3-1 和图 1.3-2。

图 1.3-1　CCTV 设备

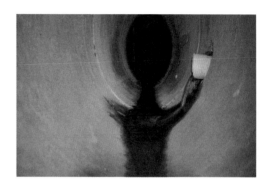

图 1.3-2　CCTV 影像判读（支管暗接）

管道潜望镜（QV）的工作原理是利用可调节长度的手柄将配置有强力光源的高放大倍数的摄像头放入检查井内，工作人员在地面通过控制器调整灯光、摄像头焦距进行观察录像。QV 检测距离可达 40m，并能够显示管道内部有无乱接排水口、裂纹、堵塞、漏水等状况，并可以图片或录像形式储存成果资料，QV 设备见图 1.3-3。

QV 调查适用于管涵内部未清淤或运行水位较高的管道，管内水位不宜大于管径的 1/2。

图 1.3-3　QV 设备

1.3.2　排水口整治研究进展

部分城市在暗涵排水口整治过程中，由于上游来水量较大，短期内难以溯源实现清污分离。采用原位治理方法，如利用磁混凝+生化处理结合来处理暗涵来水，处理后水质达到了较好的水质标准。部分河道在排水口整治过程中，在两岸新建了截污管道，接入下游市政管网中，最终由污水处理厂进行终端处理。部分地区由于管网缺失，短时间内没有办法将收集的污水输送至污水处理厂，需要就地对污水进行处理。一般根据出水水质要求，选用合适的一体化处理站对污水进行处理。

国外部分国家保留合流制排水区域，因此排水口整治重点在于合流制溢流污染（CSO）控制。美国一些城市在对合流制排水口整治过程中，通过减少不透水下垫面减少雨水径流，或者通过新建调蓄设施来减少污染物溢流量[2]。

对于上游长期以合流制保存的排水口，通常需要在排入河道前设置截流井或弃流井进行排水口改造，常规截流井主要有堰式、槽式和堰槽结合式等形式，通常利用水力来控制污水入河量，具体截流井常用形式见图 1.3-4。

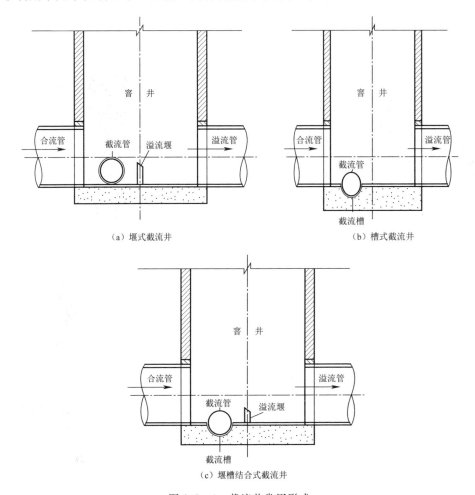

图 1.3-4　截流井常用形式

传统的截流井没有精细化的控制设施，因此，当来水量较大时会有大量的雨水进入到市政污水管网中。雨水进入污水管道会对下游污水处理厂会造成较大冲击，降低了进厂水质，超出处理能力的部分会溢流入河，从宏观上降低了污染物削减量。

目前国内外对截流井有较多的研究，截流井的控制大体上分为水力控制和电力控制两类。水力控制主要通过水体流动推力、浮力等形式来控制排水口启闭，从而降低雨水灌入量。图 1.3-5 所示为浮筒限流式截流井，是在弃流管道上安装浮筒调节阀，利用浮球阀根据水位变化来控制阀门启闭程度，水位升高时可减少进水量。

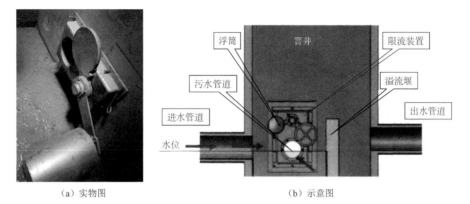

（a）实物图   （b）示意图

图 1.3-5　浮筒限流式截流井

电力控制主要是利用液位、降雨量、流量等数据信号反馈来控制节流管启闭，从而达到控制截流量的目的，相较于水力控制，电力控制效果更好，可靠性更高。图 1.3-6 所示为电动控制截流井，其特点：一是闸门的密封性能好，不存在河水倒灌的问题；二是闸门不阻水，打开时能够保持原有的排洪能力。电力控制选用水位、降雨等多数据信息控制，最大限度地截污，防止积水和河水倒灌[3]。

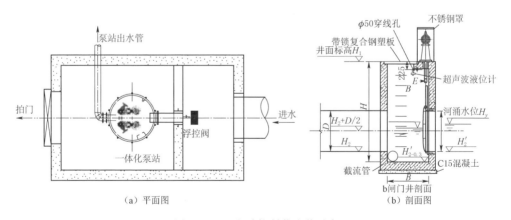

（a）平面图   （b）剖面图

图 1.3-6　电动控制截流井示意

水力旋流分离是利用水流的涡流和重力产生的离心力作用实现污染物分离的技术，见图 1.3-7。使用旋流分离装置对初期雨水处理的实验检测数据显示，该装置对 SS、COD、TP、TN 的最大去除率可分别达到 72%、52%、50% 和

35％。在江苏盐城清华科技园海绵城市设计项目、云南大理洱海环湖截污项目示范工程、北京南护城河截污等项目中均采用了旋流分离井，在排水口前段设置旋流分离井，可以一定程度地去除 SS 和漂浮垃圾[4]。

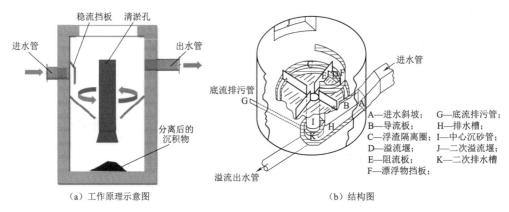

（a）工作原理示意图   （b）结构图

图 1.3 - 7   旋流分离器工作原理及结构图

2002 年，清华大学发明了多功能复合型固液旋流分离器，在江苏常州晋陵泵站道路初雨示范项目中有相关应用，处理规模为 60m³/h，平均去除率为 36％。2011 年，合肥南淝河泵站内建造了溢流污水处理技术示范工程，COD 和 SS 的平均去除率分别达到 35.2％和 47.4％[5]。

针对部分河道排水口或者暗涵上游仍为合流制的区域，在改造过程中采用控制合流溢流污染的策略，通过在排水口或者暗涵下游增加城市雨污混合溢流污水（CSOs）调蓄设施来削减合流排水口溢流污染，从而达到削减污染物的效果，见图 1.3 - 8。例如，武汉市黄孝河上游为合流制污水直接进入干流箱涵中，通过在黄孝河暗涵出口建设一座 25 万 m³ 的调蓄池来削减降雨时的溢流污染，从而确保黄孝河下游明渠水质能够得到改善[6]。

1.3.3 城市排水系统雨污分流改造研究进展

目前，雨污分流改造主要针对旧城区合流制排水区域，或对合流制区域进行截流式分流制改造。截流式排水体制主要有以下几类问题：①降雨过程中会有大量污水溢流到自然水体中，对水体造成污染；②当自然水体水位上升时，会有大量雨水通过截留设施进入市政污水管网，导致污水处理厂进水浓度降低；③截流设施的运营维护通常对管理养护单位要求较高，维护不当会造成上游排水不畅，区域内涝。在老城区雨污分流改造中大多是对现状合流制系统的改造，由于老城区现状的特殊性，在改造过程中新建的雨污分流管网，往往不能按照新建管网的思路来完全实施。

在部分已建雨污分流排水系统的区域，仍然存在雨水进入污水系统、污水混

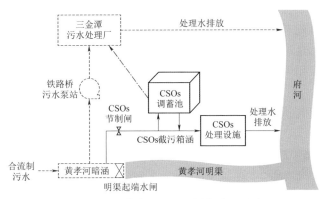

图 1.3 - 8　黄孝河 CSOs 污染治理思路

入雨水系统的情况，也可称之为混流制排水系统。针对混流制排水系统的改造，需要对现状做管网普查。考虑管网投资原因，通常对雨水存量管网做系统普查，采取清淤、检测、修复、纠正等措施对雨水系统中的错接乱接进行纠正。关于雨水系统污水剥离有较多的应用技术，例如通过检测下游水质或拓扑分析溯源污水来源来对管网进行纠正。针对污水中混入雨水的情况，简单的排查方法较难发现错接点，通常要借助大量检测数据判断混接来源，污水管中除雨水接入外，还可能存在河水、海水、地下水等外水，因此对于污水管中外水入侵的研究，目前还处于一个探索阶段[7]。

混流排水系统改造的关键在于混接点的识别与判定。对于混接点位置通常是以实地调查为主，混接点流量的检测主要有容器法、浮标法以及速度-面积流量测定法；混接水质通常根据检测区域对象来确定，调查方法有实地调查法、烟雾法或者染色法、CCTV 检测方法、QV 检测方法以及声呐检测法等[8]。

尽管目前新建管网均采用雨污分流排水体制，但雨污分流本身并不能完全解决城市水环境污染问题，雨污分流排水体制也存在一些弊端。雨污分流管网在运行管理过程中如果不注意管养维护，则很容易发生错接现象。

在对小区进行改造时，对现状雨污分流管网进行系统的排查，根据 CCTV、QV 和闭水试验发现，雨污水管道本身存在大量的结构性缺陷。通过系统排查后发现，菜市场和沿街的门面房存在大量的私接、错接的情况。另外，由于小区内部雨污水管网标高差别不大，污水管道发生淤堵排水不畅时，会渗入周边雨水管网中。因此，针对现状雨污分流管网中存在的问题，需要进一步优化排水设施，沿街门面排水户需要针对排水户类型设置专用的污水收集设施，例如，在汽车修理、美容美发等店铺需要设置隔油沉砂池和毛发收集器；部分零散餐饮商铺需要设置专门的倾倒口，减少雨水口乱排乱倒的情况；在部分雨水管网入河的末端设置调蓄池、弃流井等，以防止雨水大量进入污水管道。

在现状雨污分流改造中，难度最大的就是对建设年代比较久远的城中村进行改造。城中村由于管线复杂，建设条件极其有限，在雨污分流建设过程中通常实施难度很大。常规新建的技术标准，往往在老旧城区、城中村难以实施，因此结合现状城中村的地形、地貌、排水需求特点制定有针对性的改造措施尤为重要，在广东地区有采用雨污水同沟的做法，北方地区有采用雨污水公用基础同槽的做法等。

在老城区尤其是具有一定年份的古城区，其巷道通常非常狭窄，并且建筑物老化严重，盲目地进行雨污分流改造会对现状古建筑造成安全隐患，因此制定科学合理的分流改造策略对于解决旧城区污水横流、汛期积水严重等问题具有重要意义。如图 1.3 - 9 所示，曾玉蛟在对北京老城胡同平房区进行雨污分流改造研究时，通过对片区积水风险的成因进行分析，构建双层排水系统，以提高片区雨水排出能力，并结合数学模型技术开展积水内涝模拟校核，以弥补规划雨水管道能力不足的问题[9]。

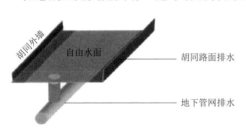

图 1.3 - 9 双层排水系统示意

1.3.4 城市暗涵改造研究进展

部分城市在暗涵整治过程中通过暗涵内截污的方式来对暗涵内部的排水口进行整治截污，以达到清污分流的效果。在对某河道暗涵进行治理时采用新建截污挡墙的方式，对暗涵中的污水进行收集（见图 1.3 - 10），且对截污改造后的过流能力进行校核；对暗涵两侧的合流管采用开放式挡墙的做法，将旱季时的污水截流到截污墙中，雨季时过量的雨水溢流进暗涵中[10]。

除采用上述方式外，还有部分地区在暗涵改造过程中在暗涵内新建截污管道的方式来对暗涵两侧的直排口进行截污改造，见图 1.3 - 11。针对暗涵两侧建筑物密集分布、甚至部分暗涵上方也存在临时建筑的情况，在满足上游防洪要求的前提下，采用暗涵内新建方包管道解决污水直排问题。

对于部分直排口在暗涵顶的做法，可以采用在暗涵顶挂管的方式来对直排口进行处理，在处理过程中需要注意管道防腐及防冲刷预处理措施，见图 1.3 - 12。

对于暗涵包管的做法，需要每隔一定距离设置管道检修口，采取类似于地面检查井的做法，来对排水管道进行定期养护。相比原传统地下排水管道，暗涵中埋设的管道检修难度更大，因此需要特别注意对管道的管养，例如采取在进入管道前增设沉泥井、缩短管道养护周期等方法来避免管道长期淤积给养护工作带来的不便，具体见图 1.3 - 13 和图 1.3 - 14。

部分暗涵在整治过程中，考虑到旱流污水量较少、流速小，容易产生淤积现象，在设计时对暗涵断面形式进行了优化。例如，四川简阳市旧城区在暗涵截污

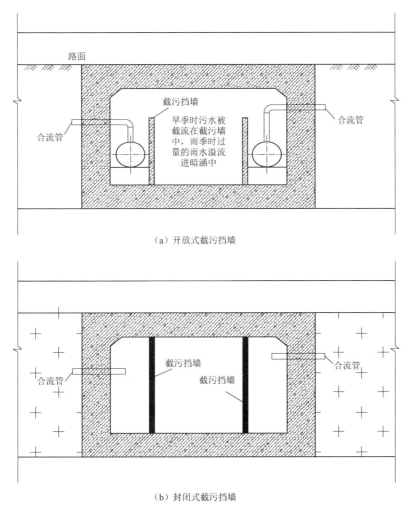

（a）开放式截污挡墙

（b）封闭式截污挡墙

图 1.3 - 10　暗涵内新建截污挡墙示意图

改造时将箱涵中间隔断，临近河道一侧作为旱季污水的水舱，以改善旱季时污水的水动力条件；雨量较大时，雨水通过隔墙进入雨水舱，从而减少淤积污染物进入河道，具体见图 1.3 - 15。

　　部分地下暗涵自身是随着历史进程而不断演变的。例如，韩国清溪川是首尔市中心的一条河流，全长约 10.84km，在 20 世纪 50—60 年代，由于经济增长及都市发展对土地资源的渴求，清溪川曾被覆盖为暗渠，污水的排放也导致清溪川水质变得恶劣。20 世纪 70 年代，清溪川上面兴建了高架道路。在其后的 20 年时间清溪川均是以暗渠的形式存在于首尔市中心。2003 年，首尔市政府决定对清溪川进行自然风貌恢复，启动了一系列综合整治、修复工程，拆除了清溪川高架道路，重新挖掘河道，并对河道进行美化，同时征集兴建了多条特色跨河桥梁。

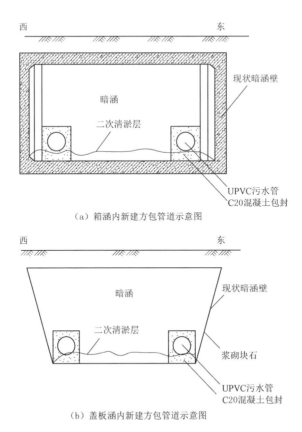

（a）箱涵内新建方包管道示意图

（b）盖板涵内新建方包管道示意图

图 1.3-11 暗涵内新建方包管道示意图

（a）暗涵顶部直排水口

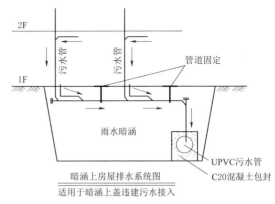

（b）暗涵顶挂管示意图

图 1.3-12 暗涵顶挂管示意图

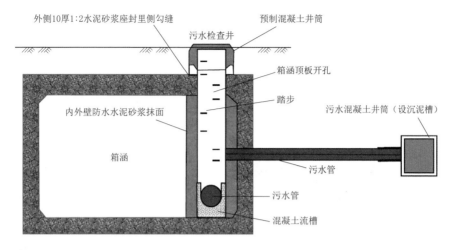

图 1.3-13　暗涵内设检查井示意图

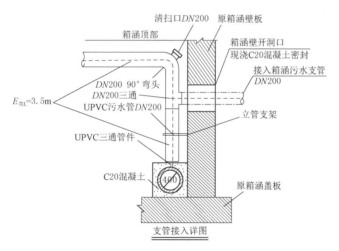

图 1.3-14　暗涵截污改造检修口设置示意图

旱季时引汉江水灌清溪川，以使清溪川长流不断，确保清洁来水。目前清溪川已成为首尔市中心一个休息地点，成为城市一道靓丽风景线。

我国南方城市很多暗涵的历史演变过程与清溪川相似，均是在历史发展过程中由于土地资源开发程度过高，很多自然河道被占用、加盖，变成了现状暗涵、暗渠。在改造过程中对于有条件的地区，也逐渐采用揭盖

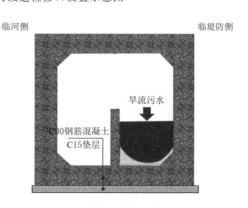

图 1.3-15　四川简阳市暗涵截污改造示意图

复明的方式，对地下暗河进行自然恢复。例如广州某暗涵全长约 400m，改造前全段暗涵，并且紧邻暗涵一侧均为临街商铺，商铺中大量污水直排入暗涵，导致下游河道水质变差。

在暗涵复明的过程中，对于紧邻暗涵一侧的商铺采用"骑楼"的方式进行建筑物改造（见图 1.3-16），尽管减小了原有路面面积，但是改造后提升了周边自然风貌，从而提升了河道两岸的商业价值[11]。

（a）暗涵复明施工　　　　　　　　　　　（b）暗涵复明效果

图 1.3-16　广州中支涌暗涵复明改造

1.4　茅洲河暗涵整治

1.4.1　茅洲河流域暗涵历史成因

1980 年深圳特区成立以来，茅洲河流域建成区面积由最初的不到 100km² 扩大至如今的接近 1000km²，40 多年的时间建成区面积扩大了近 10 倍，具体见图 1.4-1。随着城市化快速扩张，深圳对于土地资源的需求越来越大，大量城市化建设将原有的生态用地变为住宅及工业区域。限于人们对于土地使用的认知水平以及财力、物力方面的原因，为了改善周边居住小区环境，大量采用在现状河道、沟渠上上覆加盖等做法，将河道、沟渠改造为排水暗涵。

河道加盖后尽管在短时间内可以增加土地使用面积，但也使得河道治理工作难度大大提升。覆盖后的河道在外部无法直观看到，因此无论是排水口治理还是清淤疏浚，成本和危险系数都大大提高。例如茅洲河流域新桥河、上寮河、潭头渠、道生围涌等存在水环境质量问题的暗涵化河道在 10 年或 20 年前均为明渠段河道，但是由于十几年的人口扩张，为了在短时间内改善居住环境，大量的河道通过工程手段被混凝土盖板等覆盖，给后续水环境治理带来极大的阻力。图 1.4-2 所示为某城市暗涵加盖十余年后又拆除的图片。

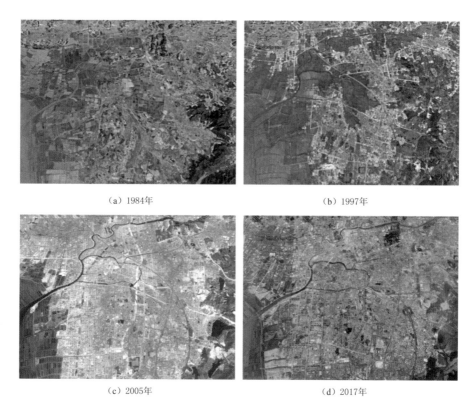

（a）1984年　　　　　　　　　　　　（b）1997年

（c）2005年　　　　　　　　　　　　（d）2017年

图 1.4-1　茅洲河流域 30 年演变

图 1.4-2　某城市暗涵加盖十余年后拆除

随着经济社会的发展，人们对于城市内河的认识也发生了变化，越来越多的人认识到，城市内河除了承担排水防涝功能之外，还是城市的景观带、生态带，为城市提供着不可替代的公共空间，且随着周边地区环境改善，也会变相拉动地区土地升值，带动经济发展。党的十八大以来，国家将生态文明建设放在突出位

23

置，恢复河道生态功能已成为生态文明建设的重要内容之一。

1.4.2　茅洲河暗涵分布及特征

1.4.2.1　茅洲河暗涵分布情况

以茅洲河流域宝安段为例，调查结果显示，茅洲河流域宝安段潭头河、万丰河、沙井河等河道共包含暗渠［排洪（污）渠、明暗交替渠］130 条，总长度101.3km。茅洲河流域宝安段暗涵信息见表 1.4-1。

表 1.4-1　　　　　　茅洲河流域宝安段暗涵分布及长度

序号	流域	暗涵/条	长度/km
1	潭头河	6	5.5
2	沙井河	11	9.0
3	松岗、楼岗河	21	13.0
4	上寮河	18	18.8
5	排涝河	5	3.1
6	石岩渠	1	2.4
7	新桥河	10	5.5
8	沙浦西	13	8.8
9	七支渠	8	4.3
10	潭头渠	4	2.7
11	塘下涌	2	5.5
12	万丰河	5	2.6
13	共和涌	5	1.6
14	衙边涌	5	3.3
15	道生围	1	0.6
16	老虎坑	1	0.2
17	龟岭东	1	1.6
18	罗田水	0	0.0
19	界河	13	12.8
合计		130	101.3

针对流域中的存量暗涵，为保障下游河道水质，在一段时期内，绝大部分在暗涵下游设置截污挡墙，旱季将挡墙内侧暗涵中污水接入市政污水管道中，雨天时雨水携带大量污水进入下游河道，影响河道水质。

流域内暗涵水质检测结果显示，绝大多数暗涵处于重度黑臭状态，图 1.4 - 3 所示为茅洲河某暗涵改造前水体黑臭情况，水环境质量亟待提高。

（a）暗涵黑臭图片1　　　　　　　　　　　　　（b）暗涵黑臭图片2

图 1.4 - 3　茅洲河某暗涵改造前水体黑臭

1.4.2.2　暗涵特征

1. 结构类型

通常暗涵为矩形或梯形断面的地下人工雨水渠道，部分城市中现状暗涵是经加盖改造的天然河道。暗涵根据功能分类可分为暗涵化河道和雨水箱涵，暗涵化河道承担城市防洪工程；雨水箱涵通常为道路与河道交叉的雨水排放通道。暗涵根据结构可分为箱涵和盖板渠。盖板渠根据挡墙结构，可分为钢筋混凝土挡墙盖板渠、浆砌石挡墙盖板渠等。

2. 排水功能

暗涵作为承担城市防洪排涝的重要基础设施，其原本使用功能为防止城市内涝，但在城市发展过程中，由于排水管理水平及认知水平的不足，往往存在地区发展与城市排水规划不匹配的情况。原有的雨水行洪通道在发展过程中有大量生活及生产污水进入，雨水通道往往变成了雨污合流的排水通道。

根据调查统计数据，污水排放形式主要分为生活污水直排、生产废水直排、雨水管道混流排放、市政污水管道错接排放等形式，不同的污水排放形式有不同的排水特征。

深圳市在城市化进程中，建成区规模巨幅增长，人口规模激增，用地日益紧张，许多河道由明变暗以用作商业、居住等。覆盖后的河道可以在一定程度上提高经济价值和城市空间，但从水利环境角度而言，河道暗涵化严重，部分河道行洪断面严重缩减，降低了水面率。

河道覆盖在一定程度上阻断了水体复氧，易产生 H_2S 等有害气体，导致水中生态系统被破坏，大量水生生物死亡，沉积物蓄积，给河道周围环境带来安全威胁。

河道覆盖往往导致对行洪断面的立体侵占和挤压，同时给河道的检查、管理及清淤工作带来严重困难，尤其是清淤工作无法顺利开展。

3. 暗涵的个性功能和综合（城市）功能

（1）防洪排涝，起到过流作用，承接其上游流入的水体及周围的雨水。

（2）暗涵内及周围设立排污口，收纳周围生活及生产地区产生的污水。

（3）某些暗涵的上方覆盖公路道路等，成为箱涵或者涵洞，在排水的同时承载城市交通。

（4）暗涵作为一种特殊河道，是城市生态环境、景观文化建设的一部分。

涵洞，也称过路箱涵，是设在路基下的排水孔道，通常由洞身、洞口建筑两大部分组成。洞口的作用：一方面涵洞与河道顺接，使水流进出顺畅；另一方面确保路基边坡稳定，使之免受水流冲刷。洞口建筑包括进出口调治构造物，防冲设施等。涵洞根据不同的标准，可以分为很多种。按建筑材料可分为砖涵、石涵、混凝土涵、钢筋混凝土涵；按照构造形式，涵洞可分为圆管涵、拱涵、盖板涵、箱涵。

1.4.3　暗涵总体问题分析

通过对茅洲河区域基本情况的调查以及对相关数据的采集分析可知，流域内暗涵主要存在以下问题：

（1）暗涵内雨污水混流严重。根据现场调研，在未降雨时段，暗涵中有大量污水流出，初步判定暗涵中有污水接入。暗涵本身作为雨水行洪通道，通常尺寸较大，在建设阶段未考虑污水纳入。污水的流入会直接影响下游河道水质及河道水体感官，并且在旱季由于流速极缓，污染物质容易在暗涵底部沉积，在降雨时随着雨水进入河道对水质造成影响。

（2）旱季时河道水质仍有超标现象。尽管绝大部分时间，河道水质能够达到地表 V 类水标准，但是也存在河道水质偶尔超标的情况，并且以氨氮为主。河道水质旱季超标主要原因是污水直接排入河道，导致水中氨氮指标超标。暗涵相对于管道系统来说，通常未设置检修检查井，因此污水接入后也较难发现。而河道两侧的排水口由于直接暴露在室外，当发生错接时能够及时发现并纠正。因此，杜绝暗涵中污水排放对于改善河道水质具有直接的贡献。

（3）河道水质雨季存在较大波动。从水质监测数据来看，河道在雨季时水质波动较为明显，例如从上寮河雨后水质监测数据来看，在 2018 年 4—8 月雨季期间，共监测 8 次，其中有 5 次出现水质波动（以氨氮为检测对象），部分时段水质恶化严重；东方七支渠共检测 7 次，有 4 次出现恶化情况；万丰河共检测 8 次，有 7 次出现恶化情况；松岗河共检测 8 次，有 7 次出现水质恶化情况；潭头渠共检测 8 次，有 8 次出现水质恶化情况；排涝河共检测 8 次，有 7 次出现恶化情况；潭头河共检测 8 次，有 8 次出现水质恶化情况；沙井河共检测 8 次，有 8 次出现恶化情况。茅洲河流域暗涵长度最长的 5 条河依次是上寮河、松岗河、沙井河、沙浦西排洪渠以及潭头河。5 条河中的 4 条河是在水质波动较为明显的清单中，可以看出暗涵段对雨季河道水质有显著影响。

（4）污水处理厂进厂浓度偏低。污水处理厂进厂浓度偏低原因比较复杂，但有部分原因是降雨期间大量雨水进入市政污水干管，或者是旱季期间河水倒灌入管。暗涵末端新建的截污管道加剧了此类问题的发生，直接导致了污水处理厂进厂浓度始终无法进一步提升。

1.4.4 改造目标

根据深圳市及东莞市地表水功能区划成果，茅洲河水质目标为地表Ⅴ类水。

为了实现茅洲河干支流水质达标，计划对茅洲河流域混流、合流暗涵分流化改造，将雨污水混流的排水暗涵改造恢复至原有使用功能，从而提升暗涵、河道的水质，提高暗涵雨水排放管理水平，实现排放河道实现长治久清。

1.4.5 排水暗涵整治重点

结合相关调研资料以及流域范围内目前存在的问题，排水暗涵整治重点如下：

（1）暗涵污染物溯源排查。尽管当前我国大部分新建地区采用雨污分流排水体制，但投入使用时间较长，管理维护手段较少，部分地下排水暗涵雨水污水混接错接严重，且地下管网隐蔽性强，对于暗涵中污染物源头的排查难度较大，即使发生水污染事件，也较难及时反馈跟踪、从源头进行处理。因此对暗涵污染物的来源进行确认和追踪，是暗涵雨污分流改造的前提。

（2）暗涵排水口雨污分流改造。暗涵本身是用作行洪排涝的一种排水构筑物，但是在暗涵内部通常存在大量的支管暗接情况，尤其是随着开发程度的提高，排水暗涵两侧城市大范围更新，导致人口聚集，大量生活污水、生产废水直排入涵，致使暗涵内部黑臭，淤积严重，雨季大量污染物入河，对河道造成极大污染。恢复排水暗涵原有的行洪功能，杜绝污水入涵的情况，实现暗涵内彻底雨污分流，是解决这一类问题的重要路径。

（3）高密度建成区的暗涵改造。部分老旧城中村雨污分流改造难度较大，实施进程滞后。受用地条件和实施条件限制，部分区域城中村道路狭窄，无法按照常规设计标准来对排水系统进行改造，并且改造实施周期较长、难度较大。传统做法通常在末端实施截流调蓄改造，但是城中村人口密度大，合流管通常都不满足污染溢流控制需求，因此出现溢流现象频发的情况。如何在高密度建成区中进行暗涵截污改造，是目前制约暗涵，甚至水环境整治工作的瓶颈问题。

（4）科学合理地对暗涵进行维护。科学地养护地下排水设施是保证其正常发挥使用功能的前提，目前针对城镇排水设施的养护模式通常较为粗放，随着人们对生活质量要求的不断提高，对城市管理的精细化要求也逐渐严格。因此科学合理地制定城市排水基础设施养护规则和方法，对于暗涵雨污分流改造后能够持续有效地发挥作用，有着十分重要的作用。

第2章

暗涵调查及检测

2.1 暗涵调查

暗涵调查是指在对某一区域的排水暗涵进行整治前，需要对区域已有存量的暗涵进行资料收集，当无相关资料时，需要对整治区域排水暗涵信息进行实地探测。

（1）资料收集。已有资料的收集是暗涵普查的重要依据，可避免后续大面积开展实地探测。在进行暗涵普查前应充分收集待改造区域政府主管部门、运维管养公司等已有的相关管养资料，对存量暗涵的数量、长度和尺寸规格等信息进行统计，结合已有资料对实地暗涵的材质规格、水质情况等空缺资料进行补充，进而评估后续暗涵改造的工作对象以及难易程度。

（2）实地探测。实地探测过程中需要对存量暗涵的坐标位置、高程参数、掩埋深度、分布走向、规格尺寸和暗涵材质等进行探测调查。开展实地探测时应以现有收集资料为基础，以便提高探测效率。

存量排水暗涵的普查是开展后续暗涵整治的前提，相关政府主管部门可根据普查情况及当地的改造需求，合理地制定排水暗涵改造计划。

2.2 暗涵排水口调查

2.2.1 排水口调查的基本要求

暗涵内部排水口排水来源错综复杂，为准确地了解每一个排水口的具体排水性质，需进行暗涵内部排水口排查，确定排水口位置、排水口类型等属性。在进行排水口调查时，按照以下要求进行现场调查。

（1）暗涵本体尺寸测量，包含坐标系下的暗涵本体的空间范围分布、边界、暗涵的长度、宽度和高度，暗涵内淤泥厚度和水流、水深情况。

（2）暗涵内排水口排查，包含排水口平面坐标、高程、排水口编号、管径、排水口材质类型、排水口类型初步判断、管底标高，实测过程中排水口流水情况等信息。

（3）暗涵检查井调查，包含检查井平面坐标、高程、检查井编号、大小等信息。

（4）排水口调查需在天气放晴 3 天后进行，保证雨水系统中基本无雨水，便于判定污水混接情况。

（5）排水口排水性质不能仅依据一次调查成果判定，调查应分不同时间段进行多次跟踪调查，跟踪调查次数不少于 2 次。

（6）第一次排水口调查时，记录排水口排水情况，有水的还应初步判定是工业污水还是生活污水。

（7）第一次调查无水流出的排水口时，应进行多次跟踪调查。排水口位于居民区附近的，跟踪调查应分别在用水低峰期（10—11 点）、用水高峰期（19—21 点）进行；排水口位于工业区附近的，应着重调查夜间有无工业污水偷排情况，跟踪调查应分别在工作日上班时间（10—11 点）、工作日休息时间（2—4 点）、休息日进行，并现场拍照或拍摄视频记录排水口排水情况。

（8）第一次调查有水流出且初步判断为工业污水的排水口时，应持续进行跟踪调查。跟踪调查应分别在工作日休息时间（2—4 点）、上班时间（10—11 点）、休息日进行，并现场拍照或拍摄视频记录排水口排水情况。

（9）第一次调查有水流出且初步判断为生活污水的排水口时，应持续进行跟踪调查。跟踪调查应分别在用水低峰期（10—11 点）、用水高峰期（19—21 点）进行，并现场拍照或拍摄视频记录排水口排水情况。

（10）在跟踪调查全部结束后进行排水口性质的判定。

2.2.2　排水口调查的基本方法

排水口调查根据调查手段不同，分为以下几种：

（1）三维激光扫描：此方法一般应用于高度大于 1.3m、人员可进入的暗涵。为保证安全，暗涵内部水位一般要求低于 20cm，水流速不超过 5m/s。采用三维激光扫描测量暗涵内部三维数字信息，通过内业数据处理与分析，建立可量测的暗涵三维数据信息模型，从而获取暗涵的位置、走向、断面尺寸、所有排水口位置及尺寸、排水口类型等信息，调查时辅以钢尺测量水深、淤泥厚度等数据，形成排水口调查成果表、暗涵平面图、暗涵纵断面图、暗涵横断面图。

（2）CCTV 检测及 QV 检测。此方法一般应用于高度小于 1.3m、人员无法进入的暗涵。采用 CCTV 或 QV 拍摄照片或视频资料，根据照片或视频资料判断有无排水口，完成暗涵排水口调查，淤堵严重的需进行清淤直至达到调查条件后再进行调查，高水位的暗涵应采取降水措施直至达到调查条件后再进行调查。

（3）人工摄像＋全站仪测量组合。此方法一般应用于高度大于1.3m、人员可进入的暗涵。传统暗涵排查采用此种方式，可以直接测量暗涵尺寸、断面、淤泥深度以及排水口三维坐标，并辅助人工摄像获取暗涵排水口影像资料。

以上三种暗涵排查方法使用较多，其中人工摄像＋全站仪测量组合是传统的测量方法，工序较为复杂，每个作业组需求人员较多，工作效率低，已逐渐被淘汰。为提高工作效率，目前暗涵排查大多采用三维激光扫描和CCTV检测及QV检测等新技术手段。

2.2.3 调查技术路线

排水口调查技术路线见图2.2-1。

2.2.4 三维激光扫描排水口调查

2.2.4.1 现场踏勘

在正式进入暗涵作业调查前，应组织现场踏勘。现场踏勘时对地面以上的工作环境和暗涵内部工作环境进行踏勘，踏勘后明确具体的作业方法及手段，当暗涵内水深或水流速不符合作业条件时，应及时采取措施进行排水以降低水位、控制流速，不符合作业条件的暗涵一律不得下涵作业。

2.2.4.2 申请作业审批、作业许可

对于不同河段的暗涵，作业前应严格执行审批制度，未经审批不得开展暗涵调查作业。获得作业审批后，为确保现场环境符合作业条件，需对暗涵内的有毒有害气体进行检测，同时要由安全员及监护人员等检查作业人员的安全措施是否落实到位。作业人员在进入暗涵作业前，需办理进入有限空间作业许可。

2.2.4.3 暗涵本体及检查井调查与测量

进入暗涵的作业人员一般与地面检查井调查人员分开作业，通过前期的资料收集，判读暗涵段检查井数量、位置等，经实地踏勘，标记出检查井的实地位置，并注明编号，并采用GPS或全站仪实测出检查井、暗涵出入口的位置坐标，作为暗涵内三维激光扫描框架坐标的起算数据。当检查井、暗涵出入口实测坐标与收集数据存在较大出入时，应认真检查实测数据的准确性，确认无误后，在地形图中及时更新检查井、暗涵出入口的位置，并做好记录。

当实地无法找到检查井时，可通过GPS或全站仪采用坐标放样的方法，实地放出检查井的位置，通过人工开挖的方式找到检查井。原有资料错误而实地并无检查井的，应汇报给业主单位，及时更新原有数据资料，并做好记录。

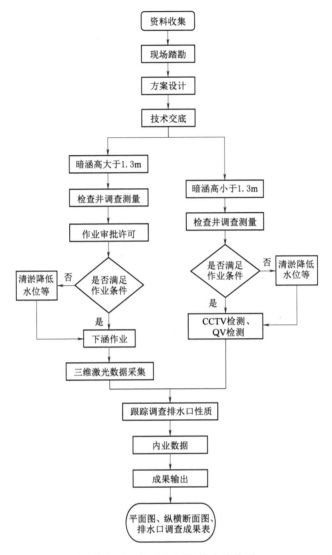

图 2.2 - 1 排水口调查技术路线图

实地调查时，还应对暗涵出入口断面尺寸进行测量，便于最终与暗涵内部断面尺寸进行比较，保证数据的准确性（见表 2.2 - 1）。

2.2.4.4 暗涵内排水口调查

使用三维激光扫描进行暗涵三维数字信息采集，通过内业数据处理与分析，建立可量测的暗涵三维数据信息模型，从而获取暗涵的位置、走向、断面尺寸、所有排水口位置及尺寸、排水口类型等所有信息。调查时辅以钢尺测量水深、淤泥厚度等数据，形成排水口调查成果表、暗涵平面图、暗涵纵断面图、暗涵横断

表 2.2-1   暗涵检查井内部属性调查表示例

序号	检查井编号	X/m	Y/m	地面高程/m	井底深/m	井脖高度/m	水面深/m	淤积面深/m	暗涵结构形式	暗涵墙体厚度/m
1	SG-03-J1	45730.390	92125.680	2.57	1.43	0.22	1.26	1.40		0.22
2	SG-03-J2	45705.230	92120.560	2.57	1.44	0.25	1.28	1.41		0.25
3	SG-03-J3	45677.920	92115.320	2.51	1.43	0.27	1.30	1.40		0.27
4	SG-03-J4	45651.600	92110.280	2.51	1.46	0.35	1.30	1.40	混凝土	0.23
5	SG-03-J5	45631.730	92106.400	2.44	1.60	0.35	1.26	1.57		0.24
6	SG-03-J6	45608.920	92102.200	2.51	1.64	0.35	1.28	1.60		0.26
...	...	...	...	...	...	...	...	...		...

面图。

1. 三维激光扫描技术

三维激光扫描技术又称为实景复制技术，是继 GPS 空间定位系统之后又一项测绘技术新突破，是一项集光、电和计算机技术于一体的高新尖技术。它通过高速激光扫描测量的方法，大面积、高分辨率地快速获取被测对象表面的三维坐标数据。该技术可以快速、大量地采集空间点位信息，为快速建立物体的三维影像模型提供全新的技术手段，具有快速性、不接触性、穿透性、实时、动态、主动性、高密度、高精度、数字化、自动化等特性。

三维激光扫描技术是利用激光测距的原理，通过记录被测物体表面大量密集点的三维坐标、反射率和纹理等信息，形成海量的点云数据，可快速复建出被测目标的三维模型及线、面、体等图件数据。三维激光扫描技术可以密集地大量获取目标对象的数据点，因此相对于传统的单点测量，三维激光扫描技术也被称为从单点测量进化到面测量的革命性突破技术。

目前该技术在文物古迹保护、建筑、规划、土木工程、工厂改造、室内设计、建筑监测、交通事故处理、法律证据收集、灾害评估、船舶设计、数字城市、军事分析等领域已有了很多的尝试、应用和探索。

三维激光扫描系统包含数据采集的硬件部分和数据处理的软件部分。按照载体的不同，三维激光扫描系统又可分为机载型、车载型、地面型和手持型。

本书暗涵调查采用德国法如 Faro Focus 3D X330 型地面三维激光扫描仪，对暗涵内部进行全景激光扫描，形成可测量的暗涵实景三维模型，并在三维模型上提取排水口调查所需的各类相关数据，如排水口位置、埋深、管径、暗涵断面尺寸等。

Faro Focus 3D X330 型三维激光扫描仪设备示意见图 2.2-2，其主要技术参数如下：

图 2.2 - 2　Faro Focus 3D X330 型三维激光扫描仪设备示意

（1）测距范围：0.6～330m（激光载波相移测量原理）。

（2）测距精度在 25m 内、反射率仅为 10% 时仍优于 ±2mm。

（3）测量速度：978000 点/h，5.5m 直径的隧道可实现 100m/h 的扫描速度。

（4）通过高分辨率大屏幕液晶显示屏直接操作进行数据采集，无须外置电脑。

（5）设备无须整平，扫描测站布设时间小于 1min，典型扫描时间为 4min/站。

（6）单人即可操作和搬运，主机设备重量仅 5kg（含电池）。

（7）单个电池可连续供电 5h，电池可更换。

（8）内置 64G 数据存储卡，可存储 1500 站数据，支持 WLAN 无线远程操作。

（9）仪器尺寸：240mm×200mm×100mm。

Faro Focus 3D X330 型三维激光扫描设备具有高精度、高速度、高分辨率、非接触式以及优良的兼容性等优势。

（1）非接触测量。三维激光扫描技术采用非接触扫描目标的方式进行测量，无须反射棱镜，对扫描目标物体不需进行任何表面处理，直接采集物体表面的三维数据，所采集的数据完全真实可靠；可以用于解决危险目标、危险环境（或柔性目标）及人员难以抵达的区域，具有传统测量方式难以完成的技术优势。

（2）数据采样率高。Faro Focus 3D X330 型三维激光扫描仪采用相位差激光测量的方式，数据采样可以达到约 100 万点/s。其采样速率是传统测量方式难以比拟的。

（3）主动发射扫描光源。三维激光扫描技术主动发射扫描光源（激光），通过探测自身发射的激光回波信号来获取目标物体的数据信息，因此在扫描过程中，可以实现不受扫描环境的时间和空间的约束。

（4）高分辨率、高精度。三维激光扫描技术可以快速、高精度地获取海量点云数据，可以对扫描目标进行高密度的三维数据采集，从而达到高分辨率的目的。

（5）数字化采集，兼容性好。三维激光扫描技术所采集的数据是直接获取的数字信号，具有全数字特征，易于后期处理及输出。用户界面友好的后处理软件能够与其他常用软件进行数据交换及共享。

（6）可与 GPS 系统配合使用。三维激光扫描对信息的获取更加全面、准确。内置数码摄像机的使用，增强了彩色信息的采集，使扫描获取的目标信息更加全面。GPS 定位系统的应用，使得三维激光扫描技术的应用范围更加广泛，与工程的结合更加紧密，进一步提高了测量数据的准确性。

（7）目前常用的扫描设备一般具有体积小、重量轻、防水、防潮、对使用条件要求不高、环境适应能力强的特点，适于野外使用。

2. 潜水员水下探查技术

茅洲河暗涵整治项目投入了市政工程潜水员辅助开展暗涵探查工作。市政工程潜水员在城市地下暗涵有限空间内，主要携带专业潜水装备、安全保障装备以及暗涵排查装备开展暗涵排查工作。

（1）专业潜水装备，包括防水服、隔离式空气呼吸器、背负式压缩气瓶及其相关配件。

（2）安全保障装备，包括劳动保护用品（安全帽、安全带等）、实时通信设备（大功率无线对讲机）、气体检测仪、大功率户外 LED 照明灯、测量工具。

（3）暗涵排查装备，包括三维激光扫描仪、光学摄像辅助设备。市政工程潜水员开展城市地下暗涵作业现场示意见图 2.2 - 3。

2.2.4.5　排水口调查数据采集

1. 三维激光扫描测站布设

市政工程潜水员和调查人员一起，携带三维激光扫描设备从地下暗涵入口或检查井进入暗涵，三维激光扫描测站应放置在地下暗管涵内视野相对开阔、地面较稳固的区域；扫描测站应覆盖暗管涵范围及起止端，扫描测站宜均匀布设，且设站数目应尽量减少；在暗管涵变化段（如转弯、支管涵交叉、暗管涵顶部有检查井、单双涵变换、涵内横穿排水管等），应适当增加扫描测站；三维激光扫描测站坐标观测应覆盖暗管涵起止端及各检查井。

图 2.2-3　市政工程潜水员开展城市地下暗涵作业现场示意图

三维激光扫描测站间距以小于拟排查暗涵水平宽度的 4 倍为原则。

2. 摆放标靶

在三维激光扫描仪开始扫描前，可采用有标靶和无标靶两种方式进行扫描，标靶摆设主要用于转换大地坐标和站点拼接，标靶摆设越多，转换坐标精度越高。标靶应在扫描仪周边 5～10m 处摆设，数量通常为 3～5 个，标靶应正对仪器。无标靶则依靠站点间扫描到的相同数据，例如同一面墙壁或者地面，进行站点拼接。

3. 调平仪器

大部分扫描仪都内置角度补偿，补偿范围为 ±0.5°～±10°。若有角度补偿，则大致平整即可；若无角度补偿，则仪器会置有水平气泡或配备水平基座，应将仪器调平。

4. 仪器设置

在仪器主机或电脑上设置扫描的分辨率、测程以及颜色获取，默认扫描角度为水平角 360°与垂直角 60°～320°（不同款式与测距类型扫描仪的垂直角不同）。分辨率为垂直角与水平角的角度分辨率，可理解为单束激光之间的夹角角度。不同的成果需求可设置不同的分辨率，点云精度可达 0.1mm，本项目扫描数据点云间距设置不大于 5mm；测程则为以仪器主机为中心的扫描半径，测程可根据暗涵大小设置；颜色获取则是为扫描点云添加 RGB 色值，点云本身只具有反射率和振幅两种基本的显示方式，有外置和内置相机（数码相机），就可以在扫描完成之后拍摄全景照片，将其赋予在点云上，使点云数据更直观。

5. 三维激光扫描点云数据采集

三维激光扫描设备在数据采集前，应将仪器放置在暗管涵环境中 10min 以上；点云间距及采集分辨率应能客观分辨排水口空间形状，三维激光扫描点云间距不大于 5mm，单个扫描测站工作时间约为 2min。

在三维激光扫描设备进行采集点云数据过程中，当出现断电、死机、仪器晃动等异常情况时，应初始化扫描仪并重新进行扫描。

仪器扫描工程中，调查人员可用钢尺测量暗涵内淤泥厚度、水深，每个断面测量不少于 2 处，每 20m 测量 1 次，并记录在外业草图上。

6. 数据检查

三维激光扫描点云数据采集完成后，在现场立即开展数据成果检查工作，若发现数据缺失或其他异常情况，应及时进行补充扫描。

7. 数据导出与备份

在每一个工作日完成后应及时从仪器设备中导出三维激光扫描实测数据，存储至数据处理电脑，进行实时加密处理，并备份在移动硬盘以及云端数据库中。

2.2.4.6 内业数据编辑

使用天宝点云处理软件 Trimble Real Works（TRW）对三维激光扫描数据进行编辑处理。TRW 是一款国际领先的专业的三维激光点云处理软件，它可从各种三维激光扫描仪中导入丰富的数据并将其转换为可量测的三维成果。具体工作流程为数据导入、降噪处理、数据配准、坐标转换、平面信息提取、断面信息提取、灰度影像信息提取以及三维成果存档。

排水口位置信息提取导出格式为 Excel 格式，暗涵平面图及断面数据提取导出格式为 dwg 格式。

1. 数据导入

将现场采集的三维激光扫描数据导入 TRW 处理软件，建立三维工程项目，数据导入时应包含 GPS 信息、倾斜方位信息、点云颜色亮度信息等。

2. 降噪处理

数据导入后，对导入点云建立测站点云，并进行降噪处理（见图 2.2-4）。由于暗涵断面尺寸较小，一般采取距离降噪方法，采用单次扫描测站不超过 30m 距离内的点云数据作为有效数据（降噪距离设置一般为暗涵宽度的 6～8 倍）。

3. 数据配准

暗涵内作业环境复杂，野外作业时采用无标靶形式进行扫描，内业数据配准时采用全自动数据配准方法，对两个测站点云数据进行数据配准，且误差应小于 2mm。图 2.2-5 所示为数据配准示意图。

4. 坐标转换

在数据配准后，得到整个暗涵的相对位置关系，为了得到暗涵的绝对坐标值，需要对扫描数据中某些特征点（这部分点已测量出绝对坐标值）赋予绝对坐标值。一般利用暗涵检查井盖、暗涵进出口特征点等点位，进行坐标转换计算，从而得出整条暗涵点云的绝对坐标值，坐标转换误差应小于 5cm。

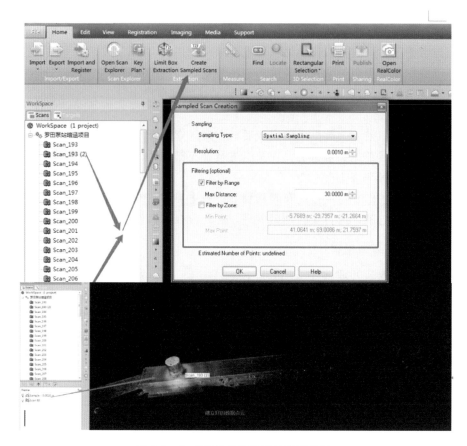

图 2.2 - 4　TRW 软件降噪处理示意图

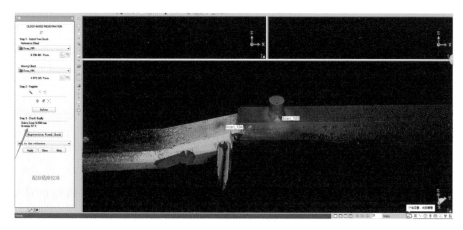

图 2.2 - 5　数据配准示意图

5. 排水口信息提取

在完成坐标转换后，即可得到由点云数据组成的可测量的暗涵模型。内业人员利用三维灰度全景影像结合点云数据找到暗涵内部排水口位置并进行测量（见图 2.2-6），对测量值提取输出，完成排水口位置定位及尺寸测量、材质及属性分析。

图 2.2-6　排水口信息提取

2.2.4.7　成果输出

经内业对三维激光扫描数据进行编辑处理后，形成地下暗涵三维数字化成果。在三维模型基础上，可进行排水口信息统计、暗涵平面图、纵断面图、横断面图的成果输出，输出的主要内容如下：

（1）暗涵排水口成果。暗涵排水口信息统计应包含以下内容：

1）序号：采用数字形式进行各排水口序号统计。

2）排水口编号：采用形式"暗管涵编号-左/右侧-排水口序号"进行排水口编号统计。

3）排水口测量时流水情况：宜分类为有无污水或"满管水""半管水""1/4管水""少量流水"。

4）排水口管底高程：采用地方高程坐标系进行统计。

5）排水口类型：分类为"雨水口""污水口"。

6）排水口管径：采用数字（单位：mm）进行排水口直径统计。

7）排水口材质：分类为"混凝土管""钢管""PVC 管"等。

8）排水口平面位置：采用平面坐标统计排水口平面位置。

暗涵排水口信息输出为 Excel 格式的统计表，见表 2.2 - 2。

表 2.2 - 2　　　　　　　　　　暗 涵 排 放 口 信 息 表

序号	排水口编号	管径 /mm	管底高程 /m	排水口类型	材质	平面坐标 Y/m	平面坐标 X/m	测站编号	测量时有无污水	备注
1	PLH03 - R - W01	100	1.99	污水口	PVC	89806.40	43153.34	PLHE - 03041	有	
2	PLH03 - R - W02	100	2.24	污水口	PVC	89825.64	43149.22	PLHE - 03034	有	
3	PLH03 - R - W03	250	1.45	污水口	混凝土	89836.89	43146.78	PLHE - 03030	有	
4	PLH03 - R - W04	200×300	1.67	污水口	混凝土	89838.16	43146.57	PLHE - 03030	有	
5	PLH03 - R - W05	200	1.49	污水口	混凝土	89849.46	43144.26	PLHE - 03025	有	
6	PLH03 - R - W06	200×300	1.86	污水口	混凝土	89864.32	43141.22	PLHE - 03020	有	

（2）暗涵平面位置图（含排水口点位信息）。暗涵的平面位置信息及排水口点位信息输出为 dwg 格式文件，形成暗涵平面位置图。暗涵平面图中应详细标志暗涵出入口位置、检查井位置、排水口位置，测量的横断面桩号也应在平面图上示意。平面图制作过程中，着重以下内容的图件标注：

1）暗涵起止端。采用符号"Ⓢ"表示暗涵上游起始端，采用符号"Ⓔ"表示暗涵下游终止端。

2）暗涵宽度及高度。采用标注格式"高度（单位：mm）×宽度（单位：mm）"进行暗涵宽度及高度标注。

3）暗涵内水流向及测时水深。采用单向箭头及数字（单位：m）的形式进行暗涵内水流向及测时水深标注。

4）暗涵底板高程。采用数字（单位：m）的形式进行暗涵底板高程标注。

5）排水口（包括有水口、无水口）及编号。采用图例符号进行排水口标注（黄色为无水口，青色为有水口），采用"暗涵编号-排水口类型-左/右侧-排水口序号"的形式进行编号。

6）检查井，采用符号"⊕"。

（3）暗涵断面图（含纵断面、横断面）。暗涵水面以上的断面信息，可通过点云数据量取，输出为 dwg 格式文件，然后结合现场测量的水深、淤泥厚度测量值，绘制暗涵断面图。

2.2.5　CCTV 及 QV 排水口调查

2.2.5.1　现场踏勘

正式开始调查前，应组织现场踏勘。现场踏勘应同时对地面以上的工作环境和暗涵内部情况进行踏勘。当暗涵内淤积严重或水深不符合作业要求时，应采取措施进行清淤、抽水，符合调查条件后再进行 CCTV 检测或 QV 检测作业。

2.2.5.2 暗涵本体及检查井调查与测量

在进行暗涵内排水口调查之前，应通过内业资料分析及实地踏勘，调查出暗涵所有检查井位置、尺寸、暗涵出入口位置、断面尺寸、水深以及淤泥厚度等信息，判断、核实暗涵基本走向，采用全站仪实测出暗涵出入口坐标、底板高程、检查井坐标、高程、量测水深及淤泥厚度。

2.2.5.3 CCTV 内窥法调查

CCTV 内窥法调查一般用于高度不大于 1.3m 的暗涵，通过 CCTV 内窥法拍摄的视频资料，判读暗涵内部有无暗接排水口情况。

1. CCTV 内窥法技术介绍

CCTV 的基本设备包括：①摄影机；②灯光；③电线（线卷）及录影设备；④摄影监视器；⑤电源控制设备；⑥承载摄影机的支架；⑦牵引器；⑧长度计算器。

一般在进行 CCTV 内窥法作业前需实地调查暗涵运行情况，如暗涵存在严重淤堵或水位较高，应进行暗涵清淤或局部封堵，去除淤泥和降低水位，保证拍摄到效果良好的视频录像。目前，暗涵清洗通常采用高压清洗车进行。清洗车将暗涵内的淤泥、沉积砂及污物等清除并将表面清洗干净，然后用清洗车的真空泵将汇集在窨井内的淤泥等吸除干净。当暗涵无法清洗或淤泥较多时可采用人工清淤的方式进行清淤。CCTV 内窥法作业时，通常是从上游窨井向下游窨井方向进行。当暗涵内水位超过管径的 20% 时，通常需要对暗涵进行封堵、抽水。目前国外通常采用橡皮气囊进行封堵，这种方法施工速度快、经济可靠。

2. CCTV 内窥法作业技术要求

（1）内窥作业时暗涵内水位不宜大于直径的 30%。

（2）在实施作业前应对暗涵进行必要的疏通清洗。

（3）封堵管网应符合现行行业标准的有关规定。

（4）有下列情形之一的应终止作业：

1）爬行器无法行走。

2）镜头沾有水沫、泥浆等影响图像质量因素。

3）镜头入水。

4）暗涵内充满雾气。

3. 检测设备的技术要求

（1）摄像头高度可自由调整，灯光强度能调节。爬行器的平稳度应满足不同口径的要求。

（2）闭路电视系统的技术要求应符合相关要求。

（3）检测设备结构坚固，密封良好，能在-10～50℃的气温条件下和潮湿的环境中正常工作，宜配有防爆系统和防水系统。

（4）检测设备应具备计数功能，电缆计数测量仪最低计量单位为0.1m，精度误差不大于±1％。

（5）电缆长度120m时，爬坡能力应大于5°。

（6）设备宜具备坡度测量功能，其精度误差不大于±1％。

（7）检测设备应符合现行国家标准的有关规定。

（8）对新购置的或经过大修及长期停用后重新启用的设备，应按说明书的要求检查和校正。

4．CCTV内窥法排水口调查外业数据采集

（1）仪器设置。根据被测管道大小安装合适的摄像头、照明设备，连接主控系统，打开主控系统，检查摄像头和照明是否能正常工作。

1）在使用前检查计数器的准确性。

2）关闭系统，将摄像头放入管道。

3）打开系统，设定起始位置。

4）将计数器调零。

5）利用屏幕书写器输入标题（标题主要包括：工程名称、地点、委托单位、作业单位、作业人员、日期、起始井和终止井编号、水流方向、管材、管径等）。

6）设置录像参数并控制启停。

（2）爬行器摄像。释放电缆，让摄像头进入调查区域，根据爬行器的速度继续释放或回收电缆。摄像过程中，通过电脑控制端实时查看暗涵内状况，若发现疑似排水口，控制爬行器暂停前进，对准排水口，停留拍摄不少于10s，现场记录以下信息：

1）记录排水口距离检查井的距离信息，后续数据处理时可根据暗涵走向及距离信息以及管径大小，初步判读发现的排水口尺寸大小和高程信息。

2）记录发现的排水口水流情况信息：有无排水，水量大小，初步判断水质情况。

3）摄像过程中，当遇到管道破损或障碍物时，需控制爬行器速度，并根据管道内部情况调节亮度改善管道的光亮度。

（3）仪器回收。当某段暗涵调查完成后，立即控制爬行器退回进人口，根据爬行速度，同步收回电缆，收回电缆时需用布清洁电缆上的水和污物。

5．外业调查注意事项

（1）在对每一段暗涵开始拍摄之前，必须先拍摄白色看板，白色看板上应写明道路或被检对象所在地名称、起点和终点编号、属性、管径以及时间等基本信息，便于后续视频信息的识别。

（2）爬行器的行进方向应与水流方向一致。

（3）管径不大于 200mm 时，直向摄影的行进速度不宜超过 0.1m/s；大于 200mm 时，直向摄影的行进速度不宜超过 0.15m/s。

（4）圆形或矩形排水管网摄像镜头的移动轨迹应在管网中轴线上，蛋形管网摄像镜头的移动轨迹应在管网高度 2/3 的中央位置，偏离不应超过±10%。

（5）摄像机进入管网起始位置时，必须将电缆计数测量仪归零。

（6）电缆上应有距离刻度标记，每一段检测完成后，应计算电缆计数测量仪的修正值。

（7）在起始位置应根据需要输入路段（位置）名、起止点检查井编号、管径、属性等内容。

（8）直向摄影时，图像横向必须保持正向水平，中途不应改变拍摄角度和焦距。

（9）侧向摄影时，爬行器必须停止，同时变动拍摄角度和焦距以获得最佳图像。

（10）当存在排水口接入时应作详细判读、量测和记录，并按规范要求的格式填写调查结果。

6. CCTV 内业影像判读

（1）暗涵内部接入的排水口应在现场初步判读并记录。现场检测完毕后，应由复核人员对录像资料进行复核。排水口尺寸的判定可参照管径或相关物体的尺寸。

（2）排水口类型应在现场初步判读并记录。

（3）排水口图片宜采用现场抓取最佳角度和最清晰图片的方式。

（4）排水口在管段中的纵向位置应采用该处与起算点之间的距离描述，在管道环向的位置应采用时钟表示法描述。

2.2.5.4 QV 调查

对于高度不大于 1.3m 的暗涵，其排水口调查除了采用 CCTV 内窥法手段进行外，对于 CCTV 机器无法进入或长度较短的暗涵还可以采用 QV 实施排水口调查。

1. QV 技术介绍

管道潜望镜（QV）工作原理就是利用可调节长度的手柄将配置有强力光源的高放大倍数的摄像头放入检查井内，工作人员在地面通过控制器调整灯光、摄像头焦距进行观察录像。图 2.2-7 所示为 QV 现场检测照片。

2. QV 排水口调查外业数据采集

采用 QV 进行排水口调查时，操作较为简单，在可伸缩的长杆上端安置潜望镜，伸入检查井内，通过手动转向，实时查看涵内状况。操作时应注意以下

（a）QV设备

（b）地面作业

（c）涵内作业

图 2.2-7　QV 现场检测照片

几点：

（1）镜头中心应保持在管道竖向中心线的水面以上。

（2）拍摄管道时变动焦距不宜过快。发现排水口时应保持摄像头静止，调节镜头的焦距，连续、清晰地拍摄 10s 以上。

（3）在拍摄检查井内壁时，应保持摄像头无盲点，均匀慢速移动。

（4）对各种排水口和检测状况应作详细判读、量测和记录。

（5）现场调查完毕后，应由相关人员对调查资料进行复核。

3. 管道潜望镜（QV）内业影像判读

（1）发现排水口后，应在现场初步判读并记录排水口的类型、类别。现场调查完毕后，应由复核人员对录像资料进行复核。

（2）排水口尺寸的判定可参照管径或相关物体的尺寸。

（3）无法确定的排水口类型应在报告中加以说明。

（4）排水口图片宜采用现场抓取最佳角度和最清晰图片的方式，特殊情况下也可采用观看录像抓取的方式。

4．成果输出

调查成果主要包括排水口调查成果表、暗涵平面图、排水口照片及视频资料等，成果格式内容与三维激光扫描暗涵基本一致。

2.3 排水口类型及判定

2.3.1 排水口类型

目前在我国城市排水系统中，主要有合流制和分流制两种排水体制，根据两种排水体制的排水类型及特点，对河道或暗涵中的排水口分别进行探讨。

（1）合流制。在合流制排水体制中，排水口可分为合流制直排排水口和合流制溢流排水口。

1）合流制直排排水口一般为上游合流管道直接接入河道或暗涵中的排水口，其特点为晴天时有污水排放，降雨时雨水随排水口排入河道或暗涵中，目前此种类型排水形式已逐渐被淘汰。图2.3-1所示为合流制直排排水口示意图。

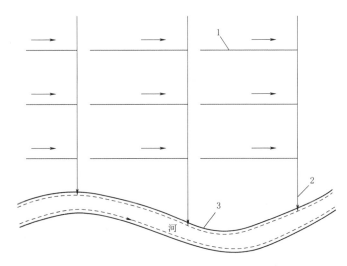

图 2.3-1 合流制直排排水口示意图

1—合流污水支管；2—合流污水干管；3—合流制直排排水口

2）合流制溢流排水口是在合流制直排排水口的基础上，通过溢流设施，使得晴天时污水不进入河道或暗渠中，当降雨发生时，超出截流量的部分水溢流至下游河道。图2.3-2所示为合流制截流溢流排水口示意图，图2.3-3为合流制截流溢流排水口雨天污水溢流示意图，图2.3-4为合流制截流溢流排水口晴天合流污水溢流示意图。

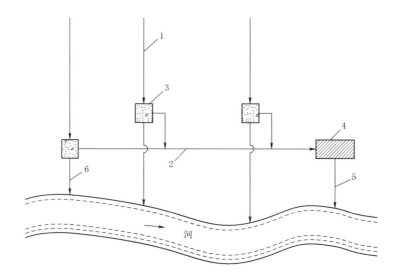

图 2.3-2 合流制截流溢流排水口示意图

1—合流污水干管；2—截流干管；3—合流污水溢流井；4—污水处理厂；

5—污水处理厂排水口；6—合流污水截流溢流排水口

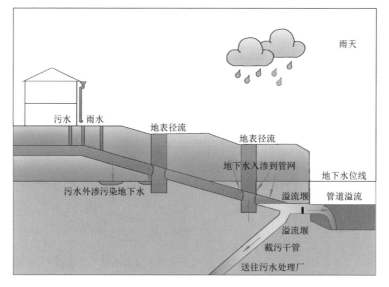

图 2.3-3 合流制截流溢流排水口雨天污水溢流示意图

（2）分流制。在分流制排水体制中，排水口可分为污水排水口、雨水排水口、雨污水混流排水口。

1）污水排水口。在分流制排水体制的城区，由于城市污水管网建设不完善、污水纳管监管不到位、生活和工业废水偷排，污水直排至水体，此类排水口为分

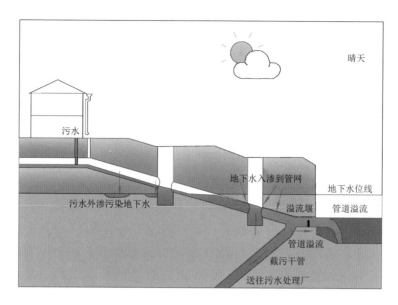

图 2.3-4　合流制截流溢流排水口晴天合流污水溢流示意图

流制污水直排排水口。污水直排排水口排水量较为稳定,晴天雨天水量差别不大。

2)雨水直排排水口。晴天时排水口呈干涸状态,降雨时大量雨水排出。

3)雨污水混流排水口。其可分为两类:一类为雨水排水口污水混流,其特点为晴天时只有极少量的污水排入,降雨时大量雨水排入;另一类为污水排水口雨水混流,其特点为晴天时有污水排入,降雨时有雨水排入。

在分流制排水体制中,因雨水排水管道存在混接污水,故晴天会向水体排污,同时也存在初期雨水污染。雨水、污水管道混接、错接,导致雨水直排排水口出水中有混入污水,给受纳水体带来污染;同时,该类排水口也存在地下水渗入造成的晴天排水。

除了这 3 种排水口之外,还有一部分针对雨污水混接排水口设置的截流式混接排水口,它是在排放口接入河道前一个检查井作为截流设施,其特点类似于合流制截流排水口,但污水量相对较小。

除了合流制排水口和分流制排水口之外,还存在其他特殊类型的排水口,例如设施应急排水口,这一类排水口一般距离泵站等排水设施较近,较容易排查。

沿涵、沿河建筑物的污水排水口,一般为临涵、临河直接排放出的污水排水口,其排水间歇性较强,管径较小。

泵站排水口,这种排水口通常为雨水泵站强排通道。

2.3.2 排水口类型判定

由于暗涵中排水口具有隐蔽性高等特点，在对暗涵排水口进行实地调查前需要结合不同类型排放口的排水特性进行判定研究。各类型排水口流量和水质特点见表 2.3-1。

为了对不同类型排水口制定不同的改造策略，需结合不同排水口类型的特点，对排水口类型进行判定。

下面主要阐述合流制和分流制两类排水口的判定原则。

2.3.2.1 合流制排水口的判定原则

1. 合流制直排排水口

需要在晴天和雨天分别对排水口进行检测：晴天时，有污水间歇性或非间歇性流出，需要持续 3 天对排水口进行流量观测，3 天内发现有水流动即可判定其为间歇性有水流出；降雨时，有不间断水流出，且流量变化较大。

此类排水口需要与分流制直排排水口和分流制混流排水口进行区分。其中分流制直排排水口上游已进行雨污分流改造，晴天和雨天相比合流制直排排水口流量变化较小；分流制混流排水口在晴天时，同等管径的流量普遍比合流制直排排水口要小，且上游经过雨污分流改造。

综上所述，由于以上 3 种类型排水口区分难度较大，在对暗涵排水口调查前，需要对周边区域是否经过雨污分流改造进行相关资料和现场调研，结合流量水质特点对排水口类型进行判定。

2. 合流制溢流排水口

合流制溢流排水口在晴天时无污水流出，小雨时也无污水排出，降雨较大时有水从排水口流出。

此类排水口需要与分流制截流排水口进行区分。与分流制截流排水口相比，其上游排水区域没有进行雨污分流，因此在对暗涵排水口调查前，需要对周边区域是否经过雨污分流改造进行相关资料和现场调研，结合流量水质特点对排水口类型进行判定。

2.3.2.2 分流制排水口的判定原则

1. 雨水排水口

雨水排水口指在分流制排水体制中，向水体直接排放雨水的排水口。由于大气及城市地表污染等各种因素的影响，会有大量成分复杂的污染物通过雨水淋洗、冲刷进入水体，造成地表水环境的污染，尤其是降雨初期阶段，会给水体带来一定污染。

表 2.3 - 1　各类型排水口流量和水质特点

排水口类型	排水口具体类别	序号	流量特点 晴天 小管径排水口	流量特点 晴天 大管径排水口	流量特点 雨天 小管径排水口	流量特点 雨天 大管径排水口	水质特点 晴天 小管径排水口	水质特点 晴天 大管径排水口	水质特点 雨天 小管径排水口	水质特点 雨天 大管径排水口
合流制	合流制直排排水口	1	有间歇性水流排出	大部分时间有污水排出	降雨量较小即有满流雨水排出	降雨量较大时有满流雨水排出	接近生活污水水质	接近生活污水水质	水质指标低于生活污水指标	水质指标低于生活污水指标
合流制	合流制溢流排水口	2	无水排出	无水排出	上游截流设施有水	上游截流设施有水	—	—	水质指标低于生活污水指标	水质指标低于生活污水指标
分流制	分流制污水排水口	3	有间歇性水流排出	大部分时间有污水排出	有间歇性水流排出	大部分时间有污水排出	接近生活污水水质	接近生活污水水质	水质指标低于生活污水指标	水质指标低于生活污水指标
分流制	分流制雨水排水口	4	无水排出	无水排出	有水流出	有水流出	—	—	降雨初期水质较差、降雨后期水质较好	降雨初期水质较差、降雨后期水质较好
分流制	分流制混流排水口	5	有间歇性水流排出	有间歇性水流排出	降雨量较小即有满流雨水排出	降雨量较大时有满流雨水排出	接近生活污水水质	接近生活污水水质	水质指标低于生活污水指标	水质指标低于生活污水指标
分流制	分流制截流雨水排水口	6	无水排出，上游截流设施有水流动	无水排出，上游截流设施有水流动	上游截流设施有水	上游截流设施有水	—	—	水质指标低于生活污水指标、降雨后期水质较好	水质指标低于生活污水指标、降雨后期水质较好
分流制	分流制截流混流排水口	7	有间歇性水流排出，上游截流设施有水流动	—	上游截流设施有水	上游截流设施有水	—	—	水质指标低于生活污水指标	水质指标低于生活污水指标
其他排水口	沿岸建筑物排水口	8	无水排出	无水排出	有间歇性水流排出	有间歇性水流排出	接近生活污水水质	—	接近生活污水质	水质指标低于生活污水指标
其他排水口	雨水泵站排水口	9	雨水排放	雨水排放	雨水排放	雨水排放	无水排出	无水排出	雨水排放	雨水排放
其他排水口	应急设施排型排水口	10								
其他排水口	不明类型排水口	11								

旱季无水流，排水口干涸、无水泽。降雨时有水流出，流量随降雨变化较大，且水质降雨前后差别较大。

此类排水口需要与合流制溢流排水口、分流制截流排水口进行区分。

在排水口调查前需要对上游区域进行调查，明确是否对上游汇水区域进行雨污分流改造，区别方法为降雨时水质变化是否明显，且降雨量较小时出流速度。

2. 污水排水口

雨天、晴天水流情况基本稳定、变化规律相同，24h 连续排水，雨天水流无明显增大。此类排水口需要注意与混流排水口进行区别，混流排水口在降雨期间水量变化明显，图 2.3-5 所示为分流制污水排水口。

图 2.3-5　分流制污水排水口

3. 雨污水混流排水口

雨污水混流排水口在判定前，需要对区域范围内的排水进行调查，确定是否进行过雨污分流改造，以排查合流制排水口类型的干扰；然后需要对降雨前后流量进行分析，与污水排水口相比，其降雨前后流量变化较大。

在分流制排水体制中，针对雨污水混接、在雨水排水口实施了截流措施的排水口，其存在溢流污染与河水倒灌的问题。晴天污水和雨天的混合污水经截流管道输送至污水处理厂，随着雨水径流的增加，当混合污水的流量超过截流干管的输水能力时，就有部分混合污水经截流井溢流后通过排水口直接进入受纳水体。

当有下列现象之一时，可预判为调查区域内有雨污水混接的可能：

（1）持续 3 个晴天后，雨水管道内有水流动。

（2）持续 3 个晴天后，雨水管排水口有污水流出。

（3）晴天时，雨水管道内 COD_{Cr} 浓度下游明显高于上游。

（4）晴天时，雨水泵站集水井水位超过地下水水位高度或造成"放江"。

（5）晴天时，在同一时段内，雨水泵站运行时，相邻污水管道水位也会下降。

（6）雨天时，污水井水位比旱天水位明显升高或产生冒溢现象。

（7）雨天时，污水泵站集水井水位较高。

（8）雨天时，污水管道流量明显增大，污水井水位比旱天水位明显升高或产生冒溢现象。

（9）雨天时，污水管道内 COD_{Cr} 浓度下游明显低于上游。

（10）通过监测或人工进行水位调查，相邻雨污水井内水位持平或河道水位接近。

4. 其他类型排水口判定

除了上述几种常见类型的排水口以外，还有如沿岸建筑物排水口、雨水泵站排水口、应急设施排水口等，这部分排水口在暗涵外较容易发现相关排水建筑物及构筑物，因此需要在外业作业的基础上对其进行判定。当发现类型不能判定的排水口时，需要对这部分排水口进行记录，后续进行深入调查。

2.4 暗涵污染物溯源调查

2.4.1 暗涵排水口溯源调查方法

不同类型的排水口特点各异，因而需要综合不同排水口的特点采取有针对性的改造策略：

（1）合流制排水口需要在上游汇水范围内的区域进行雨污分流改造。

（2）分流制排水口，在确定了雨水和污水两种类型排水口后，即可制定相关改造方案。

（3）针对雨污水混流排水口，需要对其混流污水进行溯源调查，找出上游管网中的混接点位后制定相关改造方案。

暗涵排水口溯源排查的步骤也有区别。明渠内的排水口溯源较为简单，通过沿岸巡河即可快速收集排水口信息。暗涵排水口位于暗涵内部，地面无法判别排水口位置，因而暗涵排水口溯源工作更加烦琐，需先根据暗涵排水口调查成果，获取暗涵排水口坐标，通过坐标放样的方法实地放出暗涵排水口在地面的对应位置。

2.4.2 排水口溯源调查的基本要求

不同类型的排水口，其溯源调查的要求也不一样，溯源调查工作的重点是晴天仍持续排水的排水口。

2.4.2.1　基本要求

溯源调查基本要求如下：

（1）在对混流排水口进行筛查时，原则上采用污染源溯源排查方法，从混流排水口下游向上溯源，遵循先干管，后支管的原则。

（2）排查时应重点调查暗涵区域附近的老旧小区，沿街商铺，汽修洗车区域等。

（3）暗涵周边管线探测：管线探测范围为暗涵左右 50 延米宽度范围内的所有排水管线；当有市政道路与涵渠平行时，应探测市政道路上的现状排水管网（即使此排水管网与涵渠无任何连接关系），与涵渠交叉的道路上的现状排水管网只需要探测至距涵渠 50m 左右的范围。

（4）无水排水口溯源要求：应调查至该排水口周边区域 50m 左右的范围内，如果 50m 范围内无检查井，需调查至连接该排水口的第一个检查井并确定其属性。

（5）有水排水口溯源要求：有水排水口溯源调查一般有 3 种可能：

1）污染点源未经市政管网直接经排水口进入暗涵。此类情况要求溯源至污染点源具体位置，明确污染点源性质，如污水立管、化粪池出水管等。污染点源处应做好标记，填写完整调查内容，包括小区或建筑物名称、门牌号、楼栋号，源头处应拍摄污染点源或周边地物的照片或视频资料（该照片命名与数据库中物探点号保持一致）。

2）有水排水口污染源来源于市政污水管网。当有水排水口向上溯源后，发现污染源来源于市政污水管网时，可不必向上溯源，但应调查此污水管上游是否有雨水混入，有雨水混入的应调查雨水混入的具体位置。

3）有水排水口污染源来源于市政雨水管网。当有水排水口向上溯源后，发现污染源来源于市政雨水管网时，应继续沿该市政雨水管向上调查，直至找到污染点源。调查出污染点源具体位置，明确污染点源性质，如污水立管、化粪池出水管、雨水口附近的散排污水、管段内部的混接点等。污染点源处应做好标记，填写完整调查内容，包括小区或建筑物名称、门牌号、楼栋号，源头处应拍摄污染点源或周边地物的照片或视频资料（该照片命名与数据库中物探点号保持一致）。发现一处点源污染后，应继续调查该雨水管上游是否仍然存在污水流入，如发现仍有污水流入的，应继续沿该雨水管向上溯源，直至找到所有的污水混入点，所有污水混入点都要按污染点源要求填写调查记录，拍摄照片或视频资料。

由排水口类型可知，在分流制混流排水口中，存在雨水排水口混流污水的情况，并且这一类排水口在暗涵排水口中居多。针对污水排水口中雨水混流的情况，需要对改造后的污水排水口进行雨水溯源改造，因此需要分两种情况对混接排水口进行溯源。

2.4.2.2　人员要求

混接点调查人员的安全防护应符合相关安全技术规程的要求，采用的仪器探查和检测方法要符合相关规程的要求。

在进行混接点位置探查时要用到仪器探查，包括管道视频检测（CCTV 和 QV）和声呐检测等，在进行检测和探查时要符合相关标准规范规定，在满足各种方法使用条件的基础上进行探查和检测。

市政排水管道大多位于城市道路下方，调查人员在进行混接点调查时必须提前做好安全防护，确保调查人员和周围的行人和车辆安全。同时，在进行人工巡视检查时，有时需要人员下井进行观察。在人员下井调查之前必须使用毒气检测仪测试检查井内的有毒气体，确保安全后方可下井作业，同时在井上至少有两人同时进行安全维护。

2.4.2.3　水量测定要求

水量的监测时段根据实际情况确定，原则上不少于连续 1 天的监测时间，监测时间宜选定在工作日。对于排放水量变化明显的情形，如间歇出流，根据对测定数据的分析可以延长监测时间。

在测定水量之前，应进行现场勘查，了解水流状况、管内污泥淤积程度、水量设备安装条件、管道所处路面的交通情况等，确定合适的水量测定方法。

水量测定点位的选择应符合下列规定：

（1）在测定水量之前，应进行现场勘查，了解水流状况、管内污泥淤积程度、窨井形式、水位、水质等。

（2）应利用管网图确定仪器安装点位与具体安装位置。

（3）仪器应满足安装使用要求并进行适当有效维护。

2.4.2.4　水质检测要求

水质检测分析方法应按国家标准执行。原则上每个混接排水口在流量的高峰时段采集两个以上水样。

2.4.2.5　仪器校验要求

仪器设备应性能稳定、状态良好，并符合下列规定：

（1）测量仪器应在计量检定有效期内，检验应符合相关规定，按使用说明书使用和保养。

（2）仪器使用前应检校，仪器检校和保养应按规范执行。

（3）仪器的校验包括稳定性校验及精度校验。

（4）仪器的稳定性校验应采用相同的工作参数对同一位置进行不少于两次的重复校验，校验探查的定位及定深结果相对误差不应大于 5%。

（5）仪器的精度校验宜在已知条件相对简单的单一地段进行，通过结果与实际对比来评价仪器精度。

（6）校验不合格的仪器不得投入使用。

2.4.3　排水口溯源调查技术路线

排水口溯源技术路线见图 2.4-1 和图 2.4-2。

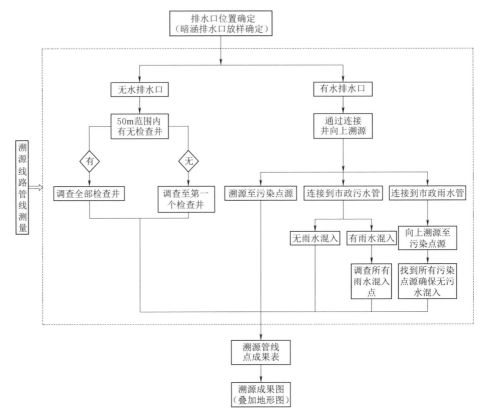

图 2.4-1　排水口溯源调查技术路线图

2.4.4　雨水排水口混接污水溯源方法

雨水管渠中混接污水是混流排水口调查的重点，也是难点，需要按照实际作业流程来排查。有水排水口溯源调查工作按工序分为排水口位置确定（暗涵排水口，可实地放样出排水口在地面的投影位置）、排水口连接井调查、混接程度评估、溯源管线测量、全面梳理、成果编辑与输出、评估报告编制。

雨水管渠中溯源排查方法通常可分为特征水质因子法和水量法两大类，也可两种方法配合使用。针对需要判断的排水口节点，原则上每个排水口需要旱天对

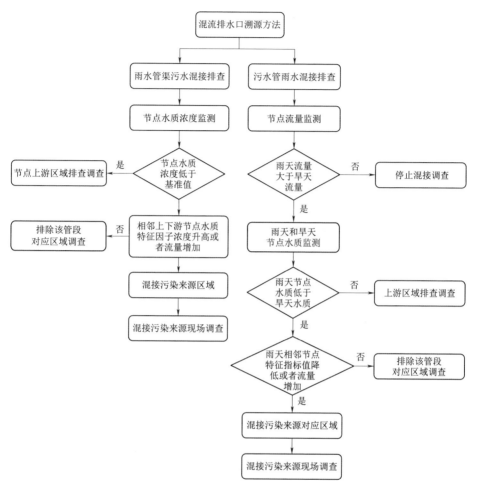

图 2.4-2　混流排水口排查技术路线图

其进行连续 1d 的水样监测。若所排查暗涵排水口旱天时有水流出且水质超出浓度相关参照值，则需要对该排水口进行排查。

　　水质检测用于测定混接点的雨污混接污染程度，并可用于对雨污混接区域的初步筛查。水量测定用于判断雨污混接点的混接程度，并对管网系统中的连通水量进行测定。

2.4.4.1　排水口位置确定

　　通过排水口调查，可确定暗涵内排水口位置，并调取排水口具体的坐标，采用 GPS 仪器实地放出排水口的位置，并在对应位置用红漆标示明显标志。地面为硬质路面时，采用红漆配刻十字框表示，非硬质路面的可钉立木桩标记。

2.4.4.2　排水口连接井调查

确定排水口位置后，根据排水口调查成果以及相关的排水系统资料，判断排水口走向，按照从下游到上游的顺序，逐个打开检查井，确认是否与排水口连接；调查检查井的管径、材质、埋深、水流情况等信息，逐个填写调查记录表，并对检查井进行预编号，同时绘制调查底图；在检查井附近明显地物或建筑物（构筑物）上做好标记，注明点号，方便后续测量工作查找。依此类推，一直溯源至点源污染位置，此处所指的污染点源一般为化粪池出水管、污水立管、混流立管、建筑物直排管等。

2.4.4.3　混接区域筛查

对有水排水口旱季工况时的水流进行检测，进一步对排水口流水的水质、是否发黑发臭等情况进行判断与记录，且对溯源过程中水质感官明显变化的检查井再次检测，并做好记录工作。通过对暗涵排水口及溯源过程中的关键节点开展水质特征因子检测，可对混接区域进行判别与筛查，提高溯源效率。

用于混接预判的水质特征因子选择应满足以下 4 个条件：①不同混接类型的污染特征因子浓度有较为明显的差别；②污染特征因子在排水管道中基本无降解；③污染特征因子在排水管道中基本无沉降；④分析方法简便且检测限制性小、测试精度、安全性和重现性均较理想。

常规有机污染因子包括 COD、BOD_5、NH_3-N、TN 等。COD、BOD_5 可以较准确地反映生活污水混接入情况，但 COD 和 BOD_5 既包括溶解态物质，又包括颗粒态物质，与 SS 存在明显的相关性，在管道中易于沉淀，因而不宜作为污染物特征因子。相比而言，NH_3-N 以及 TN 为溶解态成分，在管道中不发生沉淀，同时监测数据表明，排水管道的 NO_3^- 浓度较低，表明 NH_3-N、TN 基本无降解。因而 NH_3-N、TN 可以作为表征污染来源的常规水质特征因子。

此外，电导率也可作为判断雨污混接污染程度的水质特征因子，电导率表示水中电离性物质的总量，电导率的大小与溶于水中物质浓度、活度和温度有关。

生活污水中 NH_3-N 和电导率的浓度范围可参照表 2.4-1。有条件时可采用在线水质监测仪表，对关键节点水质参数如 NH_3-N、电导率等进行连续监测。

表 2.4-1　　　　　　生活污水中 NH_3-N 和电导率的浓度范围

水量来源	$NH_3-N/(mg/L)$		电导率/$(\mu S/cm)$	
	范围	均值	范围	均值
灰水	3.6～9.6	6.1	432～1058	810
黑水	46.8～109.0	76.8	1314～2044	1789

注　灰水是指从洗脸盆和地漏里出来的水，黑水是指含有粪便的生活污水。

有条件时，应补充测定表面活性剂和钾两项指标。若相邻节点的上下游表面活性剂浓度升高，可判定为存在灰水混接的区域；当 NH_3-N 与 K 的比值小于 1.0 时，管网节点水量来源以灰水为主；若 NH_3-N 与 K 的比值大于 1.0，管网节点水量来源可能为化粪池出水或者居住区生活污水（黑水）。

对于区域内存在工业企业的情形，可基于监测节点电导率、pH、钾离子、氯离子等特征指标的异常变化，判断是否有工业废水混接进入雨水管道。判断工业废水混接的参照值可参照表 2.4-2。

表 2.4-2　　　　　　　判断工业废水接入的参考值

参数	参照浓度	说　　明
电导率	$\geqslant 2000\mu S/cm$	工业废水接入的可能性大
pH	$\leqslant 5$ 或 $\geqslant 8$	工业废水接入的可能性大
钾离子	$\geqslant 60mg/L$	食品制造、水产品加工、豆制品加工、乳制品制造、医药制造等废水接入的可能性大
氯化物	$\geqslant 200mg/L$	水产品加工、皮革及制品业加工、无机化工、医药制造、金属冶炼及延压加工、金属制品及设备制造、计算机、通信和其他电子设备制造废水接入的可能性大

除上述几种水质特征因子外，表征污染源的水质特征因子还包括表面活性剂、安赛蜜及其他金属离子（Ca^{2+}、Na^+、Mg^{2+}）等，表 2.4-3 给出了南方一线城市典型居住小区生活污水中黑水、灰水的水质特征因子浓度，并对比地给出了地下水相关指标的浓度。

表 2.4-3　　　　　　生活污水与地下水中水质特征因子的浓度

水质参数	灰　水			黑　水			地下水	
	范围	均值	变差系数	范围	均值	变差系数	范围	均值
TN/(mg/L)	12.30~40.0	22.40	0.26	54.20~121.60	99.20	0.15	—	1.94
NH_3-N/(mg/L)	3.60~9.60	6.10	0.21	46.80~109.30	76.80	0.20	0.04~47.40	1.20
TP/(mg/L)	0.47~1.36	0.89	0.26	4.16~7.74	5.87	0.16	—	—
LAS/(mg/L)	1.86~7.64	3.46	0.29	0.83~1.92	1.31	0.19	—	0.04
油脂/(mg/L)	22.00~78.00	39.00	0.27	84.00~315.00	175.00	0.29	—	—
K^+/(mg/L)	12.90~36.70	23.60	0.28	25.00~56.00	37.70	0.20	0.40~177.00	20.80
Ca^{2+}/(mg/L)	29.30~45.70	37.10	0.11	36.90~73.20	47.30	0.22	12.00~418.00	105.00
Mg^{2+}/(mg/L)	6.81~9.88	8.30	0.11	7.26~12.40	9.78	0.16	5.00~244.00	46.00
Na^+/(mg/L)	22.20~68.30	38.70	0.30	16.70~63.70	44.40	0.24	26.00~2132.00	142.00
Fe^{2+}/(mg/L)	0.70~2.67	1.58	0.32	0.95~2.64	1.57	0.27	0.05~18.40	0.60

续表

水质参数	灰　水			黑　水			地下水	
	范围	均值	变差系数	范围	均值	变差系数	范围	均值
$Zn^{2+}/(mg/L)$	0.16～1.07	0.59	0.46	0.63～1.53	0.90	0.24	0.025～2.40	0.18
$F^-/(mg/L)$	0.16～0.37	0.28	0.14	0.24～0.48	0.39	0.13	0.07～5.18	0.40
$Cl^-/(mg/L)$	57.80～82.50	68.20	0.11	159.00～232.00	189.00	0.12	15.00～3673.00	177.00
$SO_4^{2-}/(mg/L)$	37.90～58.90	48.30	0.15	36.80～63.60	46.60	0.16	0.24～1500.00	114.00
电导率/$(\mu S/cm)$	432.00～1058.00	810.00	0.19	1314.00～2044.00	1786.00	0.11	—	1248.00
安赛蜜/$(\mu g/L)$	1.07～1.78	1.47	0.15	27.90～51.20	37.20	0.16	—	0.02
茶氨酸/$(\mu g/L)$	7.50～12.40	10.10	0.13	0.04～0.23	0.10	0.50	—	0.01

　　钾离子、表面活性剂 LAS、氯离子、安赛蜜等虽然也能较准确地反映工业企业、生活污水、地下水渗入情况，但这类水质特征因子的检测流程较为烦琐，多在实验室中完成，不适用于现场排查的初步判断，因而不选择这类特征因子进行混接区域的初步筛查。上述 NH_3-N、TN 可以作为表征污染来源的常规水质特征因子，且目前市面上已经有 NH_3-N 的快速检测试剂，故可通过检测 NH_3-N 浓度，对混接区域进行筛查。

　　基于节点水质监测的雨水管网中污水混接筛查示意见图 2.4-3。节点水质监测指标为 NH_3-N，暗涵下游对应受纳水体的使用功能类型为 V 类，混接区域筛

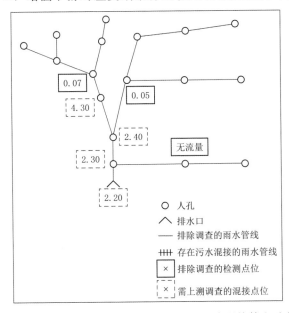

图 2.4-3　基于节点水质监测的雨水管网污水混接筛查示意图

查的 NH_3-N 浓度参照值为 2.00mg/L。图 2.4-3 中雨水干管的两个节点上 NH_3-N 浓度均超出 2.00mg/L，则应进一步向上游的支管溯源。其中的一条支管上没有旱流量，可排除筛查。支线中，一个节点的 NH_3-N 浓度为 0.05mg/L，则该节点对应上游区域不需再进行排查；另一支线的节点 NH_3-N 浓度为 4.30mg/L，则需继续向上游溯源。在该支线的某条管段之间，NH_3-N 浓度从 0.07mg/L 增加到 4.30mg/L，为筛查的污水混接区域；而在节点浓度为 0.07mg/L 上游的区域，也不需再进行排查。通过该方法缩小了污水混接的范围，从而能够提高混接调查的效率。

当确定了混接区域后，通过对更多水质特征因子的检测，可进一步推知污染源可能的来源（居民小区、工业区、地下水等），从而预判后续需重点进行溯源工作的区域。

2.4.4.4　溯源点位

在对发生雨污混接的点位进行溯源前，应根据现场踏勘及上述水质特征因子分析的结果，对资料进一步分析，重点关注预判存在混接问题的区域，溯源方法有各自的使用范围和条件限制，要结合调查范围内的实际情况选择对应的调查方法。对于无法确定溯源效果的方法，可以考虑进行现场试验以便验证该方法的可行性。

污染点源发生的源头位置包括检查井、雨水口、管段内部，见图 2.4-4 有水排水口污水混接溯源线路图。

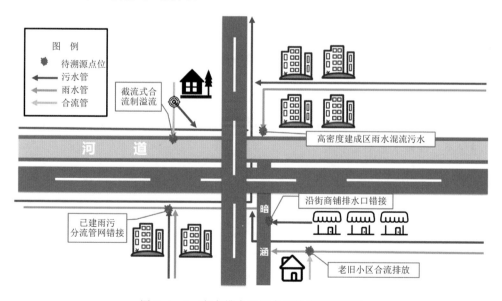

图 2.4-4　有水排水口污水混接溯源线路图

源头污染源进入检查井及雨水口时的溯源较为简单，沿管道走向追踪、逐井调查，采用人工开井目视＋QV 潜望镜即可进行准确判别，此类污染源主要为源头小区的错接混接、化粪池接驳不正确、存在合流立管等导致，或者餐饮一条街、农贸市场、汽修洗车店等面源污染严重的区域，日常的生活、冲洗废水通过雨水口进入雨水管网。

发生在管道内部的污染源主要为管道内部存在污水管道暗接或者污染的地下水通过管道缺陷处侵入，对于此类情况，主要采用 CCTV 检测对管道内部进行排查。

CCTV 检测主要从结构缺陷和功能性缺陷两方面进行检测。结构性缺陷主要包括：脱节、支管暗接、变形、错口、渗漏、腐蚀、接口材料脱落、破裂和异物穿入等；功能性缺陷主要包括：沉积、结垢、障碍物、树根和浮渣等。常采用 CCTV 等手段对管道内部进行检测，掌握其缺陷的分布状况和程度，分析缺陷对结构使用性能的影响。而后依据有关规定进行评估并编制详细管道检测评估报告，为制定修复方案提供重要依据。

对于支管暗接的点位，需再次对其上游进行溯源，溯源要求详见上述内容，通过对混接的溯源，不断提高溯源成果的准确性，不断完善溯源成果的信息。

对于受到污染的地下水通过管道的结构性缺陷处侵入管道的，可通过管道检测评估报告及检测过程视频、图片等进行定位，对侵入的水量大小、污染程度进行初步识别。图 2.4-5 为 CCTV 检测具体成果示意图。

根据上述污染点源发生的源头位置可有针对性地选择溯源探查方法，但是溯源探查方法最终应根据现场实际情况灵活选择。当管道内水位较低时，采用上述相关方法可以有效地对混接点位进行确定；当管道内水位过高时，检查井内的管道接口就有可能被埋没，无法使用 QV、CCTV 辅助人工目视探查，此时需根据溯源范围制定相关的调度方案，通过封堵降水或者泵站抽排的方式降低管道及检查井水位，以便溯源探查；若实施管道降水比较困难，可以使用声呐检测的方式来探查混接点位。

2.4.4.5　混接水量测定

通过上述溯源探查方法确定混接点位后，可对混接水量进行测定，以判断混接程度。

流量和流速测定主要有以下 3 种方法：①容器法测流量，该方法适用于流量较小、水流较缓的排污口，需在排水口处安装导流装置和带刻度容器，通过测定单位时间内容器里液体体积的变化计算得出流量；②浮标法测表面流速，该方法适用于管道非满流的排污口，通过测定单位时间内浮标的流动距离计算得出流量；③流量计法测流量，该方法适用于满管和非满管的排污口，通过安装仪器记录流量计数据。

排水管道检测成果表

序号：12-01

检测方法：CCTV 检测

录像文件	Y57_Y57-1.AVI		起始井号		Y57	终止井号	Y57-1
敷设年代			起点埋深		2.14m	终点埋深	1.98m
管段类型	（YS）雨水管道		管段材质		混凝土	管段直径	600mm
检测方向	逆流		管段长度		20.7m	检测长度	20.7m
修复指数	0.35		养护指数		0.40		
检测地点	14（2）-6 庭院管					检测日期	2019/11/13

距离/m	缺陷名称代码	分值	等级	管道内部状况概述	照片序号或说明
19.85	（ZW）障碍物	0.1	1	过水断面损失不大于 15%	照片 1
17.62	（SL）渗漏	0.5	1	滴漏-水持续从缺陷点滴出，沿管壁流动	照片 2
备注					

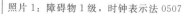
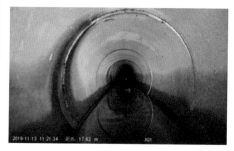

照片 1：障碍物 1 级，时钟表示法 0507	照片 2：渗漏 1 级，时钟表示法 0611

图 2.4-5　CCTV 检测具体成果示意图

　　因排水口均在暗涵内部，考虑到水量测定的时长及可操作性，可通过暗涵对排水口处的暗涵顶板开口进行检测，或者对该排水口上游的第一个检查井内的流量进行测定；对于采用常规手段无法测定的管道，可通过在上下游安装流量计测得混接点流量。

　　（1）容器法适用于混接排水口的自由出流流量测定，所使用的器材有容器（至少一面是平面）和秒表。

　　其流量计算公式为

$$Q = V \times 3600 \times 24/t \qquad (2.4-1)$$

式中：Q 为流量，m³/d；V 为容器内水的体积，m³；t 为收集时间，s。

（2）浮标法适用于混接排水口和管渠非满管流的情况。采用浮标法测定流量应选择无断面变化和跌落的连续直线段进行测量，所使用的器材有浮标、秒尺和秒表；浮标流动的起止点距离用皮尺测量，读数精确到厘米；浮标流动的时间采用秒表计时。所使用的器材有浮标、皮尺和秒表。

流量计算公式为

$$Q = 3600 \times 24 \times A \times (L/t) \times k \tag{2.4-2}$$

式中：Q 为流量，m³/d；A 为管渠过流面积，m²；L 为浮标流动的起止点距离，m；t 为所用的时间，s；k 为浮标法测定的表面流速与断面平均流速之间的修正系数，$k = 0.8 \sim 0.9$。

在式（2.4-2）中，管渠横断面面积 A 根据管道横断面形状分为矩形和圆形两种计算公式：

$$A（矩形）= 管沟宽 \times 水位高 \tag{2.4-3}$$
$$A（圆形）= 1/2lR \pm 1/2dh \tag{2.4-4}$$

式中：l 为即图 2.4-6 中 AB 的弧长，m；R 为管道断面的半径，m；d 为水面位置的弦长，即图 2.4-6 的 AB，m；h 为三角形 AOC 的高，即图 2.4-6 中的 OC，m。

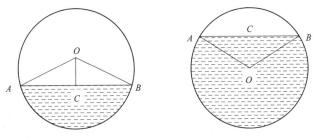

图 2.4-6　管道过水断面计算示意图

（3）速度-面积流量计测定法适用于满管和非满管的流量测量，用于对混接排水口流量的连续动态测量。所使用的器材有速度-面积流量计、探头固定装置和计算机，见图 2.4-7。使用流量计进行流量测量时应注意以下事项：

1）使用探头固定装置，将探头固定在管道底部。

2）安装探头时应注意避免被泥土覆盖。

3）仪器在使用前要进行校准。

2.4.5　污水排水口混接雨水溯源方法

在常州市老城区和上海市排水系统的研究中，探讨了基于管道节点流量差值比较、n 分法逐级溯源的水量调查技术。但是，要在雨天定量污水管道中雨水来源，需在污水管网中同步安装很多管道流量计，这极其费时费力且难以做到[12]。

图 2.4－7　流量计示意图

管网节点水质监测是一种诊断污水管网中雨水混接的潜在替代手段。与现场同步安装管道流量计相比，同步的现场水质采样要相对简便很多。Shelton 等在 2011 年结合某排水口的流量和水质指标（总氮、总悬浮物、咖啡因、大肠埃希氏菌、肠球菌等）动态监测，筛选了评估生活污水的理想水质指标，在此基础上提出通过排放口旱天和雨天水质对比及其化学质量平衡，评价污水管道中的雨水总体介入量。Houhou 等采用水中稳定同位素和硫酸盐同位素，对法国大南锡地区城市排水系统的水量平衡过程进行分析（包括地下水入渗、调蓄池暴雨溢流、雨水下渗等）。

徐祖信等率先根据美国国家环保局 2004 年发布的相关技术指南以及 Irvine 等在 2011 年的研究成果，以国内巢湖市污水管网为例，基于管网节点水质调查，对污水管网中雨水混接来源的技术方法进行研究与论证。

该研究方法中，基于管网节点水质特征因子检测与节点管段的化学质量平衡，对污水管网中总体混接量进行解析：

$$(Q_d + Q_r)C_w = Q_d C_d + Q_r C_r \qquad (2.4-5)$$

式中：Q_d 为污水管网系统的旱天入流量；Q_r 为污水管网系统的雨天入流量；C_d 为污水处理厂旱天进水水质浓度；C_w 为污水处理厂雨天进水水质浓度；C_r 为雨水径流水质浓度。

由式（2.4－5）可得出，任一污水管段雨水混接量为

$$Q_r = \frac{Q_d C_d - Q_d C_w}{C_w - C_r} \qquad (2.4-6)$$

通过对旱天跟雨天管网关键管段的水量监测与水质检测，形成污水管网雨水混接诊断技术路线，详见图 2.4－8：

关于水质特征因子的选择，从上述章节中可知，NH_3-N 可作为生活污水的水质特征因子指标，对于雨水径流入流，根据相关研究成果，可采用电导率进行表征。

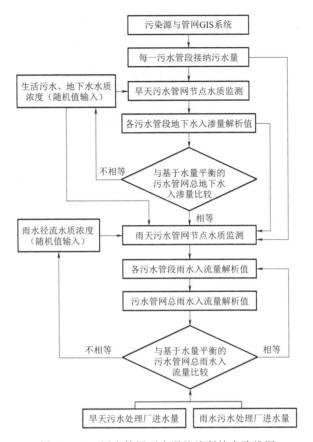

图 2.4-8 污水管网雨水混接诊断技术路线图

暗涵污水排水口混接雨水排水口，需要先对暗涵排水口进行初步判定，当出现雨天某一段污水管流量明显比旱天增加或降雨时某段检查井水位明显高于旱天时，即可初步判断该区域或管段存在雨水混接进入污水管网的情况。

基于上述国内外相关研究方法及成果，对暗涵污水排水口中的雨水混接排查方法为水质特征因子法，主要技术要点如下：

（1）污水管网节点水质调查的基本指标包括 NH_3-N、电导率。

（2）在旱天和雨天分别针对污水管网节点开展水质调查，若同一监测节点雨天 NH_3-N、电导率监测值低于旱天数值，则可初步判定节点上有区域污水管道有雨水接入。

（3）在判定有雨水接入的区域，若雨天下游节点 NH_3-N、电导率数值低于上游节点或者上下游节点 NH_3-N、电导率数值接近、但是下游节点流量相对于上游节点明显增加，则可初步判定相邻上下游节点之间存在雨水接入污水管道。

当初步确定混接区域与管段后，对混接点位进行溯源，并做好调查记录工作，调查记录的内容应包含该排水口与市政污水管网连接的检查井相关属性信息，包括管径、材质、埋深、水流情况等信息，地面应做好标记并预编点号，便于后续测量工作。同时对检查井内部或周边地物拍摄照片或视频资料。有雨水混入的也应针对雨水混入具体位置填写调查记录。

2.4.6　混接程度评估

对雨污混接状况的评估可以用混接密度（M）和混接水量比（C）来确定。混接密度（M）表示区域范围内混接点的数量与总的接点数量（检查井、雨水口）之比，混接密度越高，说明区域内的雨污混接状况越严重。

混接水量比（C）分为雨水管网的混接水量程度（$C_{污}$）和污水管网中混接雨水量程度（$C_{雨}$）两种情况计算。雨水管网的混接水量程度指旱天混接到雨水管道的污水量占区域内总污水产生量的比例，比值越大，说明区域混接到雨水管网的污水量越高，雨污混接状况越严重。污水管网的混接水量程度指雨天混接进入污水管道的雨水总量和区域污水总量的比值，其中雨天混接进入污水管道的雨水总量按照雨天污水管道输送水量与旱天污水管道输送水量的差值计算，比值越大，说明区域混接到污水管网的雨水量越高，雨污混接状况越严重。

2.4.6.1　雨水管网中污水混接

$$M = n/N \times 100\% \qquad (2.4-7)$$

式中：M 为雨水管网中污水混接密度；n 为雨水管网中污水混接点数或用户数（混接的居民小区、企事业单位等）；N 为排水管网服务区域内总排水用户数（居民小区、企事业单位等）。

$$C_{污} = q/Q \times 100\% \qquad (2.4-8)$$

式中：$C_{污}$ 为混接水量比；指雨水管网中混接的污水量占区域内总污水产生量的比例；Q 为被调查区域的污水总产生量，m^3/d，按照区域总用水量的 $85\% \sim 90\%$ 计算；q 为调查得到的雨水管网中污水混接总水量，m^3/d。

2.4.6.2　污水管网中雨水混接

$$M = n/N \times 100\% \qquad (2.4-9)$$

式中：M 为污水管网中雨水混接密度；n 为污水管网中雨水混接用户数（混接的居民小区、企事业单位等）；N 为排水管网服务区域内总排水用户数（居民小区、企事业单位等）。

$$C_{雨} = |Q_{雨} - Q|/Q \times 100\% \qquad (2.4-10)$$

式中：$C_{雨}$ 为混接水量比，指污水管网中混接的雨水量占区域内总污水产生量的比例；$Q_{雨}$ 为污水管网雨天输送水量，m^3/d；Q 为被调查区域的污水总产生量，m^3/d，按照区域总用水量的 $85\% \sim 90\%$ 计算。

2.4.6.3 混接等级确定

混接密度（M）和混接水量比（C），区域混接程度分为三级：重度混接（3级）、中度混接（2级）、轻度混接（1级），以任一指标高值的原则确定等级，见表 2.4-4。

表 2.4-4　　　　　　　　区域混接程度分级评价表

混接程度	混接密度（M）	混接水量比（C）
重度混接（3级）	>10%以上	>50%以上
中度混接（2级）	5%～10%	30%～50%
轻度混接（1级）	0～5%	0～30%

单个混接点的评估根据混接管管径、混接水量和混接水质来评价。对于一个确定的管道，当混接的管道管径越大时，混接进入原有管道的水量就会相对较大，造成的危害也就越大；当混接管的管径相对较小，但是混接的流量很大时，也会造成比较严重的混接结果；对于雨水管道来说，混接接入的污水浓度越高，就会对雨水管道内的水质产生更大的危害。因此，混接点的评估需要参考混接管管径、水量和水质等信息，综合判断混接管接入后对原有管道的危害程度。

根据表 2.4-1，灰水的氨氮浓度值约为 6.0mg/L，因此当氨氮浓度不大于 6.0mg/L 时，可以认为混接水质为灰水为特点的生活污水，污染程度相对较轻，定义为轻度混接。居住小区中灰水和黑水的比例约为灰水：黑水＝0.7：0.3，根据表 2.4-1 中的黑水和灰水氨氮浓度均值，换算成以居住区为特点的生活污水中氨氮浓度均值约为 27.31mg/L。因此可以认为当氨氮浓度不小于 30.0mg/L 时，混接水质为包括黑水的居住区生活污水，污染程度相对较严重，定义为重度混接。混接排水口氨氮浓度为 6～30mg/L 时，定义为中度混接（见表 2.4-5）。

表 2.4-5　　　　　　　　单个混接点混接程度分级标准表

混接程度	接入管管径/mm	流入水量/(m^3/d)	污水流入水质，NH_3-N 数值/(mg/L)
重度混接（3级）	≥600	>600	>30
中度混接（2级）	300～600	200～600	6～30
轻度混接（1级）	<300	<200	≤6

2.4.7　溯源管线测量

根据溯源调查的结果，对溯源沿线的所有检查井及管线进行坐标数据采集。

管线点的坐标测量可采用GPS、导线串连法或极坐标法；采用全站仪联测管线点时，可同时测定管线点的平面位置和高程，水平角和垂直角可观测半测回，测距长度不应大于150m，同时注意仪器高等数据的量测以及输入的准确性。

管线点的平面坐标和高程均计算至毫米，成果：坐标取至毫米，高程取至厘米。

2.4.8　全面梳理

对上述完成源头溯源的暗涵进行全面梳理，遵循先暗涵、再市政雨水主干管、后小区庭院雨水管网原则。先将整个暗涵排水系统骨架（一级系统）搭建好，逐步填充入二级系统、三级系统，直至整个暗涵排水管网系统清晰明了，并依此绘制排水系统图。此外，旱时水流产生的起始检查井，管段、水质感官明显变化的检查井，以及相应的水质检测数据和截流井等信息也应一并反映在图上。

2.4.9　成果编辑与输出

外业调查和测量工作完成后，应及时对外业数据进行整理编辑。主要成果包括：溯源管线点成果表、排水口溯源成果图、溯源源头照片或视频资料等。

2.4.9.1　排水管线图成果编制一般规定

（1）地下管线图的编绘应在地下管线探测、测量及相关数据处理工作完成并经检查合格的基础上，采用计算机编绘成图。计算机编绘工作应包括：比例尺的选定、数字化地形图和管线图的导入、注记编辑、成果输出等。

（2）专业地下管线图的比例尺为1∶1000，图幅规格及分幅编号应与深圳市1∶1000地形图一致。

（3）地下管线编绘所采用的软件，应有以下基本功能。

1）数据输入或导入。

2）数据入库检查：对进入数据库中的数据应能进行常规错误检查。

3）数据处理：该软件应能根据已有的数据库自动生成管线图、并根据需要自动进行管线注记。

4）图形编辑：对管线图、注记应可进行编辑，可对管线图按任意区域进行裁剪或拼接。

5）成果输出：软件应具有绘制任意多边形窗口内的图形与输出各种成果表的功能。

6）数据转换：软件应具有开放式的数据交换格式，应能将数据转换到管线信息系统中。

7）扩展性能良好。

8）地下管线图图例按相关规定绘制。

9）地下管线图各种文字、数据注记不得压盖地下管线及其附属设施的符号。管线上文字、数字注记应平行于管线走向，字头应朝北，跨图的文字、注记应分别注记在两幅图内（见表 2.4 - 6）。

表 2.4 - 6　　　　　　　　　　　地下管线图注记要求

类型	方式	字体	字高/mm	注记内容
管线点号	字符、数字混合	方正细等线	2	管线代码＋自然序号
管线标注	字符、数字混合	方正细等线	2	管线代码＋规格

10）在编辑地下管线图过程中，基础地形图与地下管线矛盾或重合的地物符号、道路名称、注记等应删除、移位或恰当处理，以保证管线图图面清晰。

2.4.9.2　地下管线图编绘

（1）管线图应根据管线图形数据文件与城市基本地形图的图形数据文件叠加、编辑成图。

（2）管线图上应绘出与管线有关的建（构）筑物、地物、地貌和附属设施。

2.4.9.3　排水口溯源成果图

以所排查的暗涵为单位，绘制排水口溯源成果图（见图 2.4 - 9），将源头污染源全部反映在成果上，并标注相关信息。

图 2.4 - 9　排水口溯源成果图

2.4.9.4　地下管线点成果表的编制

以暗涵为单位，编制暗涵排水口的成果表；由排水口向上溯源，编制溯源过程管线点成果表，详见表 2.4-7，编制要求如下：

表 2.4-7　　　　　　　　　　　　**排水口溯源成果表**

序号	排水口/截流井编号	排水口/截流井尺寸	排水口材质	位置		排水口/截流井底标高	是否有水流	水质情况（颜色、气味、NH₃-N 值）	溯源位置（具体点位、道路、小区名称等）
				X 坐标	Y 坐标				

（1）地下管线点依据绘图数据文件及地下管线的探测成果编制，其管线点号应与图上点号一致。

（2）地下管线成果表的内容及格式应按规定的要求编制。

（3）编制成果表时，对各种窨井坐标只标注中心点坐标，但对井内各个方向的管线情况应按"管线成果表"的要求填写清楚。

（4）成果表应以城市基本地形图图幅为单位，分专业进行整理编制，并装订成册。

2.4.9.5　地下管线数据处理

野外采集的地下管线调查、探查数据（属性）资料以及管线测量数据和地形图数据都必须输入计算机，经数据处理、图形处理，形成地下管线成果表文件、管线图形文件、管线属性文件等一系列文件。

（1）标志管线，数据属性的代码设计应具有科学性、可扩性、通用性、实用性、唯一性、统一性，具体规定参照相关标准执行。

（2）数据采集所生成的数据文件应便于检索、修改、增删、通信与输出。

（3）管线数据处理软件应具有数据通信、分类、标准化、计算、数据预处理、编辑、存储、绘制管线图，以及输出和数据转换等功能。

（4）数据处理与图形处理应符合下列规定：

1）数据处理与图形处理应包括地下管线属性数据的输入和编辑、元数据和管线图形文件的自动生成等。

2）地下管线属性的输入应按照探查草图进行。

3）数据处理后的成果应具有准确性、一致性、通用性。

4）野外采集生成的管线图形数据和属性数据的修改、编辑能实现联动。

5）管线成图软件应具有生成管线数据文件、管线图形文件、管线成果表文件和管线统计表文件，并绘制地下管线图和分幅图，输出管线成果表与统计表等功能。所绘制的地下管线图应符合本方案的图式符号标准。

6）地下管线的元数据生成应能从图形文件和数据库中部分自动获取以及编辑、查询、统计。

7）数据文件和图形文件应及时存盘、备份。

（5）提交的主要成果如下。

1）溯源管线点成果表。

2）排水口溯源成果图。

3）溯源源头照片或视频资料。

2.4.10　评估报告编制

暗涵排水口混接评估报告是对混接调查的结果进行处理和分析的过程，是调查过程和调查结果的总结。

调查结束后应收集整理好调查过程中原始记录材料，编制暗涵排水口混接评估报告，评估报告应包括下列内容：

（1）暗涵概况：暗涵背景、调查范围、调查内容、设备和人员投入、完成情况。

（2）技术路线及调查方法：技术路线、技术设备及手段。

（3）混接状况：排水规划、排水现状，分区域的混接分布、混接类型统计、调查汇总。

（4）评估结论：主要包括区域混接状况分级、单个混接点混接状况等。

（5）质量保证措施：各工序质量控制情况。

（6）附图：混接点分布总图、混接点位置分布图、结构性缺陷管段分布图、功能性缺陷管段分布图。

（7）整改建议。

综上所述，对暗涵排水口的溯源调查，应针对不同类型的排水口，制定不同的溯源调查方法，最终找到混接发生的点位。对于雨水排水口混接污水的情况，可先通过对需重点进行溯源的区域进行水质特征因子的检测筛查，后续再对该区域进行进一步的水质特征因子的检测和水量监测，由此可确定混接的类型、程度及污染程度；对于污水排水口混接雨水的情况，可先对需重点进行溯源的区域进行旱天与雨天管道内的水量监测筛查，后续在对该区域进行水质特征因子的检测，由此确定混接雨水的程度及混接的水量。按上述方式进行溯源时，可根据实际情况灵活选用溯源调查方法（人工目视或者仪器辅助调查）。

基于水质检测及水量监测的方法，可以定性、定量地确定混接的类型与程度，并最终形成对整个暗涵汇流区域混接情况的综合评估。

实际上，对暗涵排水口的溯源调查也是对暗涵汇流区域排水管网性质的一次全面梳理，确定每一个排水口的上游汇流区域排水管网的性质，再由梳理后的成果返回验证暗涵排水口的性质，可为暗涵排水口的分类改造提供依据；同时根据评估情况，按轻重缓急程度，有计划地制定每个排水口的改造策略。

2.5　暗涵检测

2.5.1　暗涵隐患检测方法

2.5.1.1　暗涵隐患检测的基本要求

暗涵隐患调查成本较高，难度较大，应尽可能一次性排查到位，因此排查检测时应做好记录准备工作，以求尽可能掌握暗涵现状情况。

（1）当发现隐患时，应在标示牌上注明距离，将标示牌靠近并拍摄照片，记录人应按要求填写现场记录表。

（2）照片的分辨率不应低于 300 万像素，录像的分辨率不应低于 30 万像素。

（3）检测后应整理照片，每一处结构性隐患应配正向和侧向照片各不少于 1 张，并附注文字说明，以方便评估单位对隐患等级进行评估，以及后续修复方案的选择。

（4）针对钢筋混凝土暗涵和砌体暗涵，现场记录表内容应有差别：

1）钢筋混凝土暗涵需重点记录锈蚀钢筋型号、间距及钢筋锈蚀程度（例如缺陷处存在 4 根钢筋锈蚀，钢筋直径 16mm，间距 200mm，单根钢筋直径锈蚀约 1/3）、砌体间砂浆脱落情况、保护层厚度及破损面积、墙体及盖板变形情况、结构裂缝宽度及长度以及墙体渗水情况等。

2）砌体暗涵需重点记录浆砌石砌体间砂浆流失面积、砌体缺失体积、墙基掏空体积及长度、墙体及盖板变形情况、钢筋混凝土盖板的钢筋锈蚀情况及保护层破损情况以及墙体渗水情况等。

2.5.1.2　暗涵隐患检测的基本方法

暗涵隐患检测方法主要有 CCTV 检测、声呐检测、QV 检测以及传统方法检查。各排查方法适用范围如下：

（1）CCTV 检测主要用于暗涵内水位较低状态下的检测，能够全面检查暗涵结构性和功能性状况。

（2）声呐检测只能用于水下物体的检测，可以检测积泥、管内异物，但是对结构性缺陷检测有局限性，不宜作为缺陷准确判定和修复的依据。

（3）QV 检测主要用于设备安放在暗涵口位置进行的快速检测，对于较短的排水管可以得到较为清晰的影像资料，其优点是速度快、成本低，影像既可以现场观看、分析，也便于计算机储存。

（4）传统方法检查中，人员进入暗涵内检测的方法主要适用于高度 1.3m 以上的暗涵。该方法存在作业环境恶劣、劳动强度大、安全性差的缺点。

采用两种以上的方法可以互相取长补短。例如采用声呐检测和 CCTV 检测互相配合可以同时测得水面以上和水面以下的暗涵状况。

暗涵检测方法应根据现场的具体情况和检测设备的适应性进行选择。当一种检测方法不能全面反映暗涵状况时，可采用多种方法联合检测。以结构性状况为目的的普查周期宜为 5～10 年，以功能性状况为目的的普查周期宜为 1～2 年。在特殊情况下，普查周期可相应缩短。

2.5.2　暗涵隐患类型及判定

2.5.2.1　隐患类型

暗涵隐患包括两大类：暗涵周围地下病害体和涵内隐患。

（1）暗涵周围地下病害体主要隐患类型有周边土体空洞、脱空、疏松体、富水体等。

（2）涵内隐患可分为结构性缺陷和功能性缺陷：结构性缺陷主要有墙体垮塌变形、顶板变形、钢筋裸露锈蚀、裂缝、浆砌石砌体间砂浆流失、异物穿入墙体破坏、墙基淘空、墙体渗水；功能性缺陷主要有树根侵入、淤积、残墙等。根据危害程度可划分为轻微隐患（Ⅳ级）、中等隐患（Ⅲ级）、严重隐患（Ⅱ级）和重大隐患（Ⅰ级）四类。对暗涵内隐患按表 2.5-1 进行分类、分级梳理，以便于缺陷修复及后期管养维护。

2.5.2.2　隐患分级判定

为进一步反映暗涵缺陷影响程度，根据缺陷的类型、严重程度和数量，将结构性缺陷密度、功能性缺陷密度作为暗涵修复方法选择的重要指标。

（1）结构性缺陷（Structural Defect）。暗涵结构本体遭受损伤，影响强度、刚度和使用寿命的缺陷。

（2）功能性缺陷（Functional Defect）。导致暗涵过水断面发生变化，影响畅通性能的缺陷。

（3）结构性缺陷密度（Structural Defect Density）。根据暗涵结构性缺陷的类型、严重程度和数量，基于平均分值计算得到的暗涵结构性缺陷长度的相对值。

（4）功能性缺陷密度（Functional Defect Density）。根据暗涵功能性缺陷的类型、严重程度和数量，基于平均分值计算得到的暗涵功能性缺陷长度的相对值。

表 2.5 - 1　暗涵内隐患分类

危害程度	暗涵周围地下病害体	涵内隐患										
		结构性缺陷							功能性缺陷			
	空洞、脱空、疏松体、富水体	墙体垮塌变形	顶板变形	钢筋裸露锈蚀	裂缝	浆砌石砌体间砂浆流失	异物穿入破坏墙体	墙基淘空	墙体渗水	树根侵入	淤积	残墙
重大（Ⅰ）	风险等级Ⅴ或空洞直径不小于3m	跨塌长度不小于3m	变形超出设计允许范围，出现纵向裂缝	粗骨料完全显露，钢筋界面损失不小于10%	—	—	—	淘空引起土体空洞，导致箱涵周边地面沉降			—	—
严重（Ⅱ）	风险等级Ⅳ或空洞直径1~3m	跨塌长度为1~3m	变形超出设计允许范围	粗骨料或钢筋出露，钢筋界面损失10%~5%	（1）缝宽0.4~5mm；（2）横向裂缝纵向连续长度为2~4m	浆砌石砌体间砂浆全部流失	其他管线或树根侵入墙体，过水断面损失大于50%	淘空引起墙体变形以及水土流失	喷水携泥	树根从伸缩缝和井口侵入，过水断面损失大于50%	过水断面损失大于50%	过水断面损失大于50%
中等（Ⅲ）	风险等级Ⅲ或空洞小于1m，土体疏松范围不小于3m	跨塌长度为0.5~1m	变形未超允许设计范围	表面零星剥落显粗骨料或钢筋，钢筋界面损失小于5%	（1）缝宽为0.2~0.4mm；（2）横向裂缝纵向连续长度1~2m	浆砌石砌体间砂浆部分流失	其他管线或树根破坏墙体，过水断面损失25%~50%	淘空引起墙体变形，未引起水土流失	渗水	树根从伸缩缝和井口侵入，过水断面损失25%~50%	过水断面损失25%~50%	过水断面损失25%~50%
轻微（Ⅳ）	风险等级Ⅱ、Ⅰ土体疏松范围小于3m	跨塌长度小于0.5m	变形在设计允许范围的50%以内	表面零星剥落，墙面凹凸出现	（1）缝宽小于0.2mm；（2）横向裂缝纵向连续长度小于1m	浆砌石砌体老化，强度低于设计值	其他管线或树根破坏老墙体侵入，过水断面损失15%~25%	淘空未引起墙体变形，起水土流失以及垮塌	泛钙	树根从伸缩缝和井口侵入，过水断面损失15%~25%	过水断面损失25%~50%	过水断面损失25%~50%

第3章

暗涵整治技术

暗涵整治包括以下 4 部分内容。

（1）暗涵排水口溯源排查技术研究。暗涵雨污分流改造首先是摸清现状暗涵排水情况及主要问题，而暗涵由于其结构特性，常规排查很难摸清暗涵内部排水情况。本章研究主要利用三维激光扫描、声呐等设备对暗涵排水口进行系统排查，并对污染物来源进行上溯分析。

（2）暗涵排水口雨污分流改造技术研究。根据暗涵溯源排查成果，结合排水口类型分类制定排水口改造对策及方法。初步分析暗涵排水口主要分为污水排水口，混流排水口、合流制排水口、雨水排水口等。通过梳理排水口上游路径，判定排水口改造方法，有针对性地对排水口制定改造方案，实现精细化雨污分流改造。

（3）极端条件下暗涵排水口改造技术研究。在城市高密度建成区极端条件下排水口无岸上改造条件的情况下，需要根据条件分析排水口类型，分类制定特殊情况下的排水口雨污分流改造对策。本章对高密度建成区中暗涵进行条件分析，判定在极端条件下暗涵的改造方法。

（4）暗涵系统整理与管理方法研究。通过对排水渠涵雨水系统梳理，形成排水渠涵排水信息总图，对排水口信息进行分类存档管理，制定排水渠涵定期维护方法，实现排水渠涵"一渠、一图、一表"的数据化管理方法，对现状维护设施缺失的暗涵进行改造技术研究，从定期维护、雨水排放等角度增加暗涵维护检修通道，以方便后期运营维护。

3.1 暗涵清淤

暗涵受流速过低和运维管理的影响，底部往往存在不同程度的沉积、结垢、障碍物、树根、残墙、坝根等，这些异物影响暗涵的排查、改造等工作。因此，在对暗涵进行整治前，应先清除暗涵淤泥。暗涵清淤工艺流程主要包括清淤前准备工作、清淤和淤泥处置。暗涵清淤实施工艺流程见图3.1-1。

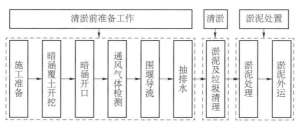

图3.1-1 暗涵清淤实施工艺流程

3.1.1 清淤前准备工作

受有限作业空间影响，暗涵清淤前期准备工作主要包括暗涵覆土开挖、暗涵开口、通风、围堰导流等，待暗涵内部满足安全要求时，才可进行清淤工序。

（1）暗涵覆土开挖主要受建设年代、地形变化等因素影响，对于埋深较大的情况，需根据暗涵清淤作业点位置，开挖涵顶覆土。

（2）暗涵开口主要针对长距离无检修孔情况。需综合考虑暗涵清淤作业安全性及清淤方法适用性，同时保障清淤作业间距，在现有暗涵上部增设检修孔，开孔间距与清淤方法、暗涵尺寸有关（在后续章节中展开介绍）。

（3）箱涵通风主要针对内部空间相对密闭的情况。涵内污水可析出硫化氢、甲烷、一氧化碳等气体，部分污水还会析出石油、汽油或苯等挥发性气体，这些气体与空气中的氧气混合易形成爆炸性气体。因此在人员进出暗涵前，需要进行暗涵通风处理，通常包含自然通风和机械通风两类。自然通风较为简便，在作业前只需将暗涵中检查口、出入口等与外界相连通即可；但自然通风受气流条件限制，效果有限。因此，暗涵清淤一般使用机械通风。机械通风主要是利用风机与排气扇交叉使用，强制性外排暗涵内部气体，同步监测暗涵内有毒气体浓度。机械通风时暗涵内风速一般不小于0.8m/s，换气次数不小于20次/h。

通风气体检测主要检测在通风时对底泥翻动产生的二次污染气体释放情况；作业时需在暗涵内布置安全监测仪器，实时监测暗涵中的有毒气体浓度。

（4）围堰导流主要用以确保清淤作业环境及排水状况正常。通常在旱季来实施暗涵清淤，减小汛期大流量对清淤质量、进度、安全的影响。

3.1.2 清淤

暗涵清淤主要是清除箱涵内的淤泥、结垢、树根和垃圾等物体，保障暗涵排水畅通。清淤技术可分为水力清淤、机械清淤、人工清淤、机器人清淤等。

3.1.2.1　水力清淤

水力清淤是指采用高压射水清通暗涵。它具有效率高、清淤质量好的特点，近 20 年来已在我国许多城市应用。清淤时既可以利用管渠内污水自冲，也可利用自来水、河水等外部水源。采用管道内污水自冲时，管渠本身需有一定的流量，同时管内淤泥较少（20%左右）。

近年来，部分城市采用水力冲洗车进行管渠的清通。冲洗车由半拖挂式的大型水罐、机动卷管器、消防水泵、高压胶管射水喷头、冲洗工具箱等组成，主要由汽车引擎供给动力，驱动消防泵，从而将水罐抽出的水加压到 11～12kg/cm² （日本加压到 50～80kg/cm²）；高压水沿着胶管输送至"流线型"喷头，通过喷头尾部的 2～6 个射水喷嘴强力喷出，推动喷嘴向反方向运动，同时带动胶管在暗涵内前进。强力喷出的水柱冲切沉积物，使之成为泥浆并自流至下游检查井。当喷头到达下游检修孔时，减小水的喷射压力，由卷管器自动将胶管抽回，抽回过程中胶管继续喷射低压水流，冲洗残留沉积物，泥浆最终由吸泥车外运。水力冲洗作业见图 3.1-2。

图 3.1-2　水力冲洗作业

水力清淤方法操作简便，工效较高，工作人员操作条件较好，目前已得到广泛采用。根据我国一些城市的工程经验，水力清淤一般能清除下游暗涵 250m 以内的淤泥。

水力清淤的适用条件如下：

（1）有充足的水量。

（2）具有良好的坡度。

（3）管渠断面与积泥情况相互适应。

3.1.2.2 机械清淤

机械清淤是指对有条件采用清淤机械进行疏掏的河（渠）道，使用矿井装载机、自卸汽车相结合的方式在河（渠）道进行淤泥疏掏，适用于管渠淤塞严重、淤泥已黏结密实、水力清通效果不佳的情况。

机械清淤工具种类繁多，按其作用可分为耙松淤泥的骨骼形松土器、清除树根及破布等沉淀物的弹簧刀和锚式清通工具、用于刮泥的清通工具如胶皮刷、铁簸箕、钢丝刷、铁牛等。

清淤工具的大小应与暗涵尺寸相适应，当淤泥量较大时，可先用小号清通工具，待淤泥清除到一定程度后再用与暗涵尺寸相适应的清通工具。

装载机清淤方案施工效率较高，每台装载机 1 小时清淤量约为 20m³。小型装载机适用于暗涵尺寸较大段，施工时要求暗涵内通风良好，具备小型机械及施工人员入内施工条件。除此之外，还需采用临时围堰，保证干地施工条件，清淤作业时需破开箱涵顶板入内施工。图 3.1－3 为小型装载机示意图。

图 3.1－3　小型装载机示意图

3.1.2.3 人工清淤

人工清淤是指作业人员直接进入暗涵内进行清淤作业，适用于大型管渠（直径不小于 800mm）的清淤作业。在施工场地限制较多、施工机械无法到达的情况下，可采用人工清淤。该技术具有可操作性强、施工方便灵活、清淤不受场地限制、清疏淤泥含水率较低、施工成本较低等优势。但人工清淤效率相对较低，且存在一定的安全隐患。图 3.1－4 为人工清淤现场照片。

图 3.1-4　暗涵人工清淤

3.1.2.4　机器人清淤

在尺寸较小的空间中，当部分装载机无法作业时，也可采用小型机器人清淤技术。该技术能够适应各种工作环境，可以在暗涵内部进行水下连续作业，操作非常方便。相较于人工操作检测仪器判断淤泥堆积情况，机器人在精度和准确度上都有较大提高，利用摄像探头可以观测到暗涵内底部淤泥堆积情况，避免了人工凭经验判断可能出现的偏差。一台小型清淤机器人每小时可清疏淤泥 6～10m³。机器人清淤可直接在水下作业，清淤过程中不引起环境的二次污染，不需要大面积破路施工，施工期不影响暗涵正常排水，具有安全性高、高效、节能、方便操作、劳动强度小、适应作业范围广等优点。

清淤机器人根据移动方式可分为履带式、船载式等。履带式机器人利用电力驱动液压作为动力输出，机器人清淤可查看周围环境以及辅助照亮周围环境的摄像系统以及照明系统，并且可增设声呐传感器探测周围环境。暗涵清淤机器人一般工作半径在 150m 以内，可由控制人员发出行走或作业命令，实现远程无线控制，见图 3.1-5。

综上所述，暗涵清淤方法的选择需考虑箱涵尺寸、淤泥的沉积深度、沉积性质、外部环境等多类因素，需因地制宜，具体根据当地构筑物实际情况、箱涵尺寸、存泥状况和设备条件确定采用单一或综合方法。

当箱涵内淤泥量较少、箱涵尺寸较小时，宜采用水力清淤或机械清淤。采用水力清淤对施工场地要求少，施工成本低，但用水量大；采用机械清淤，要求施工场地需能停放施工装置，施工成本较高，但用水量相对较少。

当箱涵内淤泥沉积物较多时，宜采用"机械清淤＋人力清淤"的组合方法。

3.1.3　淤泥处置

暗涵淤泥具有含水率高、细粒物质含量高等特点，合理处置淤泥可避免对环

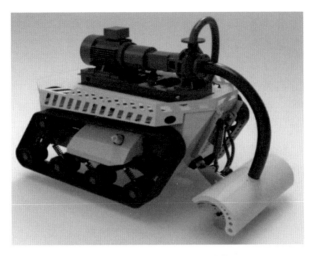

图 3.1-5　清淤机器人图片

境造成二次污染。

　　关于淤泥资源化利用，国外已有成熟的工程应用经验，具备一定产业化规模。一般处置后的淤泥用作道路地基填土原料、垃圾填埋场覆盖土、土建材料等。我国无害化处置和淤泥资源化起步较晚，早年主要用于滩涂围垦，近些年随着相关标准出台，也陆续尝试资源化利用。

　　茅洲河流域范围内暗涵淤泥量超 30 万 m³，为避免对周边环境造成二次污染，需将暗涵清除淤泥转运至处理厂，进行调理、改性及机械脱水固化处理。茅洲河淤泥处置工艺流程见图 3.1-6。

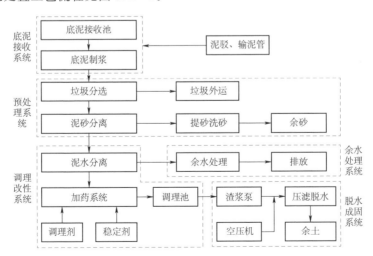

图 3.1-6　茅洲河淤泥处置工艺流程图

79

（1）除杂、洗砂及泥水分离。沉积在暗涵中的淤泥含砂量较大，进入底泥厂前，需先经过泥砂分离系统，泥砂分离系统主要由格栅机及泥砂分离池组成。淤泥经格栅机过滤掉建筑垃圾和生活垃圾后，进入沉砂池。砂质沉积后通过提砂、洗砂和输砂等环节储存在临时堆场，以备外运进行资源化利用。泥浆经泥砂分离系统后流入固液分离系统进行泥水分离。

（2）调理改性。淤泥经过除杂、洗砂后进入沉淀池。沉淀池中上层清水流入余水池，继而通过水泵抽至净水系统。沉淀池中下层泥浆由管道输送至改性系统，经加药搅拌，储存备用。

（3）脱水固化系统。完成调理改性后的泥浆通过泥浆泵输送至板框压滤机进行脱水处理，实现泥水分离，最后制成泥饼。产出的泥饼可根据不同需要进行资源化利用。

（4）余水处理系统。余水处理的方法一般有物理法、化学法和生物法等。物理法是利用物理絮凝沉降来分离污水中的悬浮物；化学法是利用化学反应来处理污水中的溶解物质或胶体物质，生物法是利用微生物的降解来去除污水中的胶体和溶解的有机物质。

具体采用何种工艺应根据进水水质情况和出水要求，进行综合方案比选后确定。经过处理后的余水可排放入周边水体或进行循环使用。

（5）资源化利用。淤泥经预处理、机械脱水后，产物主要为余水、垃圾、砂砾、泥饼。余水处理达标后排入河道或循环利用；垃圾运至垃圾填埋场进行填埋处理；较粗颗粒（砂石料）清洗后就近资源化利用，用于筑堤、造地等；若泥饼物理力学参数、环保指标满足要求，可作为景观耕植土或烧陶制砖后用于景观铺砖。

3.2 暗涵修复

深圳市地陷办 2013—2017 年的大数据统计结果表明，地面塌陷主要与河道覆盖段暗涵（排水暗渠）相关，因此开展河道覆盖段排水暗涵安全检测与评估十分重要。

地面和道路塌陷严重影响人民的生命财产安全，深圳市政府十分重视，多次召开专题会议讨论地面坍塌防治工作，并明确规定总体工作安排为"全面体检、重点诊断、对症下药、日常保健、建档立制"。对排水暗涵安全进行检测与评估，是贯彻落实深圳市地面和道路塌陷防治工作总体工作安排的重要举措。

3.2.1 暗涵开孔及恢复方法

3.2.1.1 暗涵开孔设置原则

施工场地不具备材料运输至暗涵内部的条件，在实际工作中，通常需要在暗涵顶部开孔以方便进入暗涵施工。暗涵顶部开孔主要用于机械设备、材料进入、暗涵内通风和作业人员避险，减少材料运输难度，同时可分散承建区的材料堆放场地，便于工作协调与开展。

暗涵顶部开孔一般分为两种类型：一种为配有井盖的井式人孔，常见井的尺寸为 $\phi 700$ 和 $\phi 800$；另一种为方便机械设备进出的大型设备孔，宽度一般为 2m，通常采用活动盖板的形式，方便启闭。根据工程经验，相邻检修孔间距一般为 30~50m。暗涵施工原则上利用现有检修孔，当检修孔间距不满足要求时，可根据需要新开检修孔。检修孔尺寸不足时，可根据需要拓宽检修孔。

3.2.1.2　暗涵开孔技术

对于覆土较浅的预制盖板涵，可临时打开预制盖板，进入暗涵施工。若预制盖板较重、开启不便时，建议每隔 30~50m 更换一块小尺寸盖板，同时在暗涵侧壁植筋增设检修爬梯，以便后期检修维护。

针对整浇箱涵，若原有检修孔数量不满足施工需求，原则上按 30~50m 间距新开检修孔。新开人孔位置，优先恢复为检查井。新开机械孔处，施工完成后新设预制盖板和检修爬梯，方便后期检修施工。

经计算，暗涵开孔应在盖板应力最大处开孔，且避开梁、柱（见图 3.2-1~图 3.2-3）。实际开孔时，为方便新建检查井和恢复盖板，需将盖板破除至侧壁处，并将原侧壁向下破坏 50cm 左右；原暗涵有横梁的，应将相邻两横梁间盖板全部拆除。

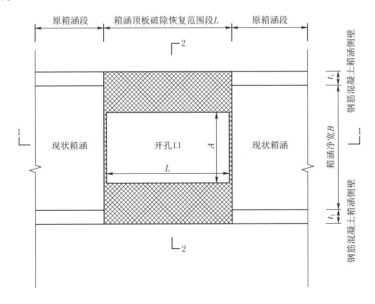

图 3.2-1　暗涵开孔平面图

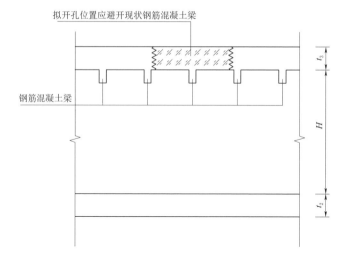

拟开孔位置应避开现状钢筋混凝土梁

钢筋混凝土梁

图 3.2-2 暗涵开孔 1—1 剖面图

破除箱涵顶板及上部挡墙时注意对挡墙中钢筋的保护，箱涵修复时根据原箱涵钢筋规格进行配筋，并与原箱涵钢筋双面焊接，保证修复后箱涵结构稳定，复原的混凝土强度等级较原箱涵混凝土强度提高一级。

3.2.1.3　暗涵盖板恢复技术

为了方便后期管养及二次清淤，盖板涵开孔处一般采用预制盖板恢复。若覆土较浅，且不位于人行道、非机动车道或机动车道上，可根据开孔尺寸恢复为若干块预制盖板，盖板尺寸应尽量方便人工启闭。若覆土较深或位于人行道、非机动车道、机动车道上，需新建人孔检查井，预制盖板与原暗涵侧壁需二次混凝土浇筑调平，见图 3.2-4～图 3.2-5。

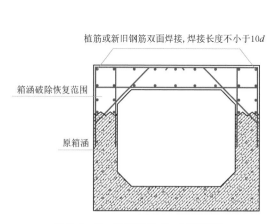

植筋或新旧钢筋双面焊接，焊接长度不小于10d

箱涵破除恢复范围

原箱涵

图 3.2-3 暗涵开孔 2—2 剖面图

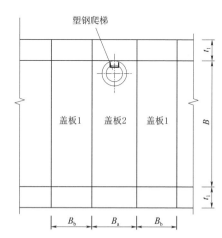

塑钢爬梯

盖板1　盖板2　盖板1

图 3.2-4　预制盖板恢复平面图

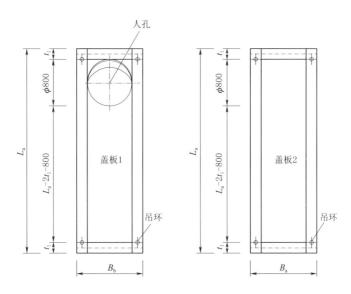

图 3.2-5　预制盖板大样图

整浇箱涵顶板新开检修孔处，一般采用整浇盖板的方式恢复开孔（见图 3.2-6）。开孔时，将箱涵侧壁顶破除至箱涵高度的 3/4 处，新建盖板与原箱涵采用新旧钢筋双面焊接，焊接长度不应小于 5 倍钢筋直径，若原钢筋无法焊接时采用植筋处理，植筋深度不小于 15 倍钢筋直径。新旧混凝土连接处需凿毛并涂抹界面剂。

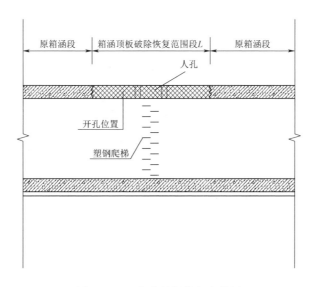

图 3.2-6　整浇盖板恢复大样图

3.2.2 暗涵隐患修复方法

3.2.2.1 施工准备

根据隐患类型及危害程度，结合工程实例及经验分析，归纳出以下暗涵非开挖修复方式，以供参考。

隐患修复施工前，应采取必要的安全施工措施，以保证暗涵施工人员的安全。

第一步，进行暗涵通风，通风必须满足暗涵内空气指标达标要求，施工人员佩戴长管呼吸器下暗涵进行围堰及导排施工，并设置挡风板或大型充气气囊封堵（见图 3.2 - 7）。

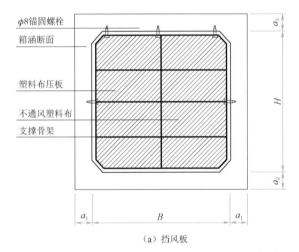

（a）挡风板

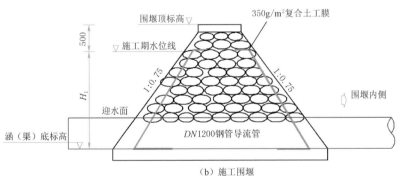

（b）施工围堰

图 3.2 - 7 挡风板及施工围堰示意图

第二步，对原结构采取临时支撑措施，在顶板漏筋范围主要受力钢筋方向每侧两根布置两根钢管，而后搭设脚手架。

3.2.2.2　钢筋裸露锈蚀及保护层脱落隐患修复

钢筋的养护情况直接决定着整个暗涵结构稳定。保护层作为钢筋最直接的保护措施，倘若厚度不足或破损脱落，钢筋的"健康"势必受到影响，见图 3.2－8 和图 3.2－9。

针对活动盖板上的钢筋锈蚀或保护层脱落的隐患，当危害程度较高时，可直接更换盖板，也可局部进行开孔切割，植筋浇筑盖板或改建为检查井。对于盖板无法更换的暗涵，以及侧壁、底板上的钢筋裸露锈蚀及保护层脱落的情况，本书拟提出两种主要修复方式：丙乳砂浆修复和碳纤维布加固。

图 3.2－8　暗涵钢筋裸露锈蚀现状　　　　图 3.2－9　暗涵保护层脱落现状

1. 丙乳砂浆修复

建议施工顺序如下：

第一步，对锈蚀钢筋进行除锈，采用人工用钢刷将钢筋表面铁锈刮除并清理干净。

第二步，采用丙乳砂浆修复钢筋表面。

第三步，若原钢筋锈蚀严重或锈蚀面积较大，建议在暗涵侧壁内的原混凝土保护层外侧重新植入钢筋，且与原钢筋绑扎，钢筋型号及间距需进行配筋计算，原则上与原钢筋型号及间距一致；若锈蚀钢筋程度较小，经复核计算，可局部绑扎钢筋或植筋于顶板，作局部加强；对于侧壁钢筋锈蚀及保护层破损的情况，建议植筋至顶板和底板，然后进行后续修复。一般来讲，修复范围边长应至少比露筋范围单侧多出 100mm（见图 3.2－10～图 3.2－14）。

第四步，搭建模板，采用微膨胀细石混凝土进行顶板浇筑，确保植筋的保护层厚度符合规范要求（通常不小于 35mm）。

第五步，进行钢筋混凝土养护及模板拆除。

第六步，拆除临时钢管支撑，撤除施工围堰、导流管及通风设备等。

2. 碳纤维布加固

碳纤维布加固修补混凝土结构技术，是利用专门配制的黏结剂将碳纤维布粘贴在混凝土构件需补强加固部位表面，使混凝土与碳纤维布成一体共同工作的加

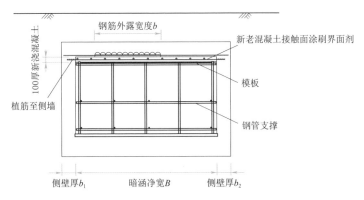

图 3.2-10　顶板通长植筋修复示意图

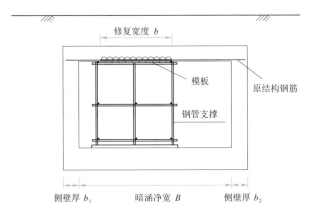

图 3.2-11　顶板局部绑扎钢筋修复示意图

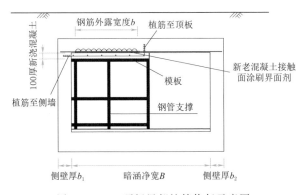

图 3.2-12　顶板局部植筋修复示意图

固修补方式。碳纤维布加固适用于钢筋混凝土受弯、轴心受压、大偏心受压及受拉构件的加固，不适用于素混凝土构件，包括纵向受力钢筋配筋率低于《混凝土结构设计规范》（GB 50010—2010）规定的最小配筋率的构件加固。

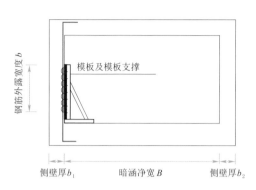

图 3.2-13　侧壁钢筋及保护层隐患修复大样图

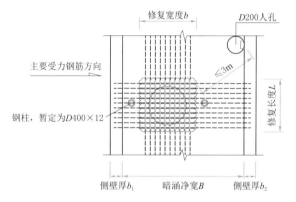

图 3.2-14　钢筋裸露锈蚀及保护层脱落隐患修复平面图

（1）碳纤维布加固的优点如下：

1）碳纤维布具有优越的力学性能，其抗拉强度是普通Ⅱ级钢筋抗拉强度的 10 倍以上，弹模也与钢材相当。

2）碳纤维材料不与酸碱盐等化学物质发生反应，因而用碳纤维材料加固后的钢筋混凝土构件具有良好的耐腐蚀性及耐久性，适用于沿海地区空气湿度大，盐碱含量较高的环境条件。

3）碳纤维的单位体积重量仅为钢材的 1/4 左右，制成板状后，其厚度仅为 1.4mm 左右，几乎不增加结构自重和改变截面外形。由于碳纤维布是一种柔性材料，而且可以任意裁剪，可以有效地封闭混凝土结构的裂缝，且不改变结构形状及不影响结构外观，适合加固暗涵盖板这类施工面较小的工程。

4）施工简便、工序简单。由于其自重较轻，可用小型电动工具操作，操作空间要求较宽松，不像传统补强方法需要众多工种、大量劳力及大型施工设备，可以在传统技术无法施工的有限作业空间内实施。

（2）碳纤维布加固的施工顺序：被加固结构物表面处理→断面修复→底层表面的涂布→不平面修整→碳纤维贴片施工→固化→表面涂装→施工质量检查。具体施工内容如下。

1）施工准备：认真阅读设计图纸，根据实际情况拟定施工计划，备齐施工所需的各种材料及机具。

2）混凝土表面处理：清除暗涵盖板底面剥落、空鼓、蜂窝、腐蚀等劣化混凝土，露出混凝土结构层，对于较大面积的劣质层在凿除后用丙乳砂浆进行修复。用混凝土角磨机、砂纸等机具除去混凝土表面的浮浆、油污等杂质，将混凝土面层打磨平整，尤其把表面的凸起部位磨平，转角粘贴处进行倒角处理并打磨成圆弧状（$R \geqslant 20$mm）。用吹风机将混凝土表面清理干净，并保持干燥。

3）配置涂刷底胶：按主剂：固化剂＝2：1 的比例将主剂与固化剂先后置于容器中，用弹簧秤计量，电动搅拌器均匀搅拌，根据现场实际气温决定用量并严格控制使用时间。用滚筒刷将底胶均匀涂刷于混凝土表面，待胶固化后再进行下一工序施工。一般固化时间为 2～3d。

4）配置找平胶（FE 胶）：平面层混凝土盖板表面凹陷部位用 FE 胶填平；模板接头等出现高度差的部位应用 FE 胶填补；转角处用 FE 胶修补成光滑的圆弧，半径不小于 10mm。

5）粘贴碳纤维片材：按尺寸裁剪碳纤维布，调配、搅拌粘贴碳纤维材料的加固专用胶（FR 胶），搅拌至色泽均匀，然后用滚筒刷均匀涂抹于待粘贴的部位，在搭接、混凝土拐角等部位多涂刷一些，在确定所粘贴部位无误后剥去离型纸，将碳纤维布拉紧展平并铺在涂有 FR 胶的基面上，用特制滚子反复沿纤维方向滚压，去除气泡，并使 FR 胶充分漫透碳纤维。碳纤维沿纤维方向的搭接长度不小于 100mm，碳纤维端部固定用横向碳纤维固定。重复上述步骤进行多层粘贴，待碳纤维布表面指触干燥进行下一层的粘贴。在最后一层碳纤维的表面均匀涂抹 FR 胶。其厚度为 1～2mm。

6）保护：在加固后的碳纤维表面喷防火涂料进行保护。

3.2.2.3　浆砌石砌体破损修复

针对浆砌石挡墙砌体脱落、砌体间砂浆流失等问题（见图 3.2 - 15），若仅是表面脱落，无较严重结构性问题，建议进行块石回填及补浆，做好养护，见图 3.2 - 16。施工前应做好临时支撑措施。

3.2.2.4　异物穿入修复

针对暗涵内树根侵入、管道横穿的情况（见图 3.2 - 17），在无结构性安全隐患，且对过流能力影响较小时，可以保留现状，定期巡查检查。若异物穿入已造成结构失稳，或严重影响暗涵过流能力，需对树根切除或管线迁改，并对隐患处

(a) 块石脱落　　　　　　　　　　　　(b) 漏浆

图 3.2-15　浆砌石挡墙块石脱落及漏浆现状

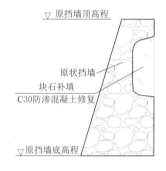
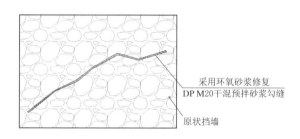

图 3.2-16　浆砌石挡墙修复示意图

进行专项修复。工程设计中，应尽量避免贴近根系发达树木新建暗涵或明渠，必要时可进行树木迁移或更换品种。

3.2.2.5　暗涵渗水修复

根据相关暗涵隐患调查，多数渗水位置位于施工缝、伸缩缝处（见图 3.2-18）。出现渗水的原因，可能是施工不当、止水材料老化脱落，此类渗水通常不需要进行结构性修复，只需要重新更换封缝材料，并用丙乳砂浆抹缝即可。对于

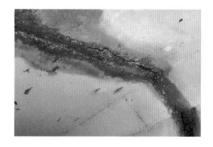

图 3.2-17　异物穿入现状　　　　　图 3.2-18　暗涵渗水现状

因地基沉降或混凝土开裂产生的渗水问题，可以在砂浆抹缝后，采用碳纤维布进行局部加固，但仍需定期巡查，做好记录，若缝隙开裂速度加快，应增加工程措施或考虑暗涵翻建。

3.3　暗涵排水口整治

3.3.1　暗涵排水口分类改造技术路线

暗涵排水口主要包括分流制排水口、合流制排水口和其他排水口。其分类改造技术路线见图 3.3-1：

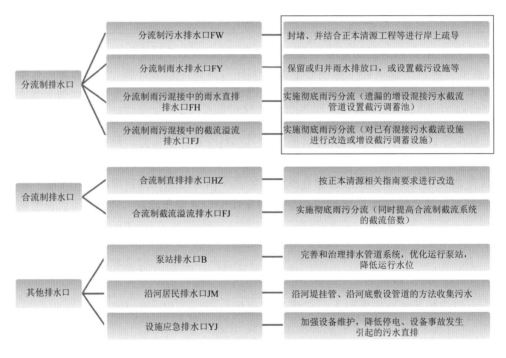

图 3.3-1　暗涵排水口分类改造技术路线图

3.3.2　暗涵排水口分类改造方法

分流制排水口、合流制排水口、其他排水口三类排水口的改造必须有效解决雨污混接的问题。这就要求在进行分流制改造的过程中，对各类排水口延伸的源头污染源进行彻底整治，做好雨污混接改造工作，实现源头雨污分流。结合不同的地块现状或规划用地类型，采用不同类别的改造策略，从而彻底解决雨污合流的情况。总体排水区域改造策略见图 3.3-2～图 3.3-4。

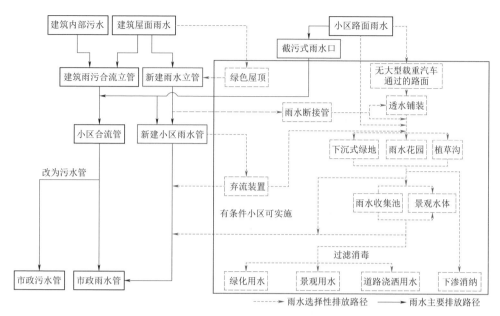

图 3.3-2 Ⅰ类排水建筑小区正本清源改造方案示意图

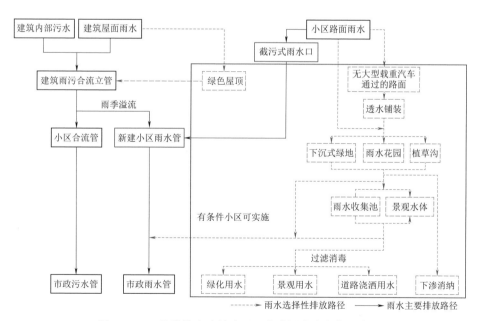

图 3.3-3 Ⅱ类排水建筑小区正本清源改造方案示意图

3.3.2.1 合流制排水口改造方法

合流制直排排水口多见于老城区的合流制排水体制中。该类型排水口对下游

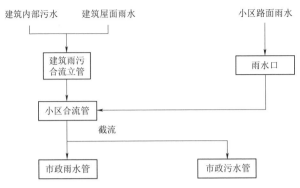

图 3.3-4 Ⅲ类排水建筑小区正本清源改造方案示意图

暗涵水质造成严重影响，需要对其进行合流制分流改造，在改造过程中可结合暗涵汇水范围内不同排水小区类型进行改造，见表 3.3-1 和表 3.3-2。

表 3.3-1　　　　　　　　　　分类排水建筑与小区的界定条件

排水建筑小区分类	现状排水系统数量	能否进行立管改造		能否新建一套小区排水管道	
		建设条件	界 定 条 件	建设条件	界 定 条 件
Ⅰ类	1套	能	小区建筑不高于 14 层，且建筑外墙有足够的空间可以安装排水立管	能	路面宽度不小于 2m，地下空间足够，周边建筑安全情况允许施工
Ⅱ类	1套	否	(1) 小区建筑高于 14 层；(2) 建筑外墙无空间安装排水立管；(3) 居民主观不同意立管改造	能	路面宽度不小于 2m，地下空间足够，周边建筑安全情况允许施工
Ⅲ类	1套		—	否	(1) 路面宽度小于 2m；(2) 地下管线密集，无埋管空间；(3) 周边建筑安全情况不允许施工；(4) 居民主观不同意施工

表 3.3-2　　　　　　　　　　分类排水建筑与小区正本清源方案

类别	正 本 清 源 方 案
Ⅰ类	将建筑原有合流系统改为污水系统，接入市政污水系统；新建筑雨水立管及小区内部雨水系统，接入市政雨水系统
Ⅱ类	小区内新建雨水系统接入市政雨水系统，建筑原有合流立管末端设溢流设施接入新建小区雨水系统内；小区原有合流系统作为污水系统
Ⅲ类	在小区出户管接入市政管道前设置限流设施进行截污

结合上游排水区域类型，在分流时可将上游合流制区域进行分类。

Ⅰ类：只有一套合流排水系统，有条件新建雨水立管且有条件新建一套小区排水管道的建筑与小区。

Ⅱ类：只有一套合流排水系统，无条件新建雨水立管但有条件新建一套小区排水管道的建筑与小区。

Ⅲ类：只有一套合流排水系统，内部无法新建一套排水管道的建筑与小区。

根据合流制排水区域类型的不同，对于其分流制改造需要采取不同类型的方案，后续以不同用地类型雨污分流改造为例，介绍区域雨污分流改造的方案。

（1）工业仓储类改造。根据国家、地方及行业排放标准，针对排入建成运行的城镇污水处理厂的工业废水，有行业排放标准的应优先执行行业排放标准要求的三级标准，无行业排放标准的执行国家或地方污水综合排放标准的三级标准。此外，工业废水排放应同时满足城镇建设行业标准中的有关规定。

工业区产生的生产废水需经自行建造的污水处理设施处理后，由环保相关部门进行达标验收，针对污染较重、对污水处理厂水质影响较大的几类指标如COD、氨氮、BOD$_5$、磷酸盐等，建议环保相关部门在上述标准规定的基础上，可考虑提出更为严格的污染控制标准。待验收达标后，企业可将处理后的污水自行接管接入本工程预留的管理井内，工业区正本清源改造方案见图3.3-5。

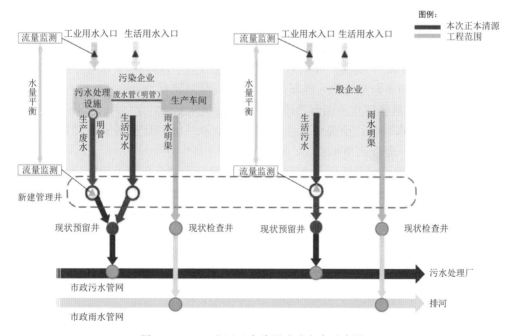

图3.3-5　工业区正本清源改造方案示意图

1）利用现状管网作为污水系统，新建一套雨水系统。

a. 现状排水系统：一般工业企业主要特点为密集、成片分布，多为2～5层的低矮楼房，排水系统多为村里或厂区自建，周边各厂区内生活污水通过混流立管排入厂区内自建合流沟，合流沟尺寸多为 0.2m×0.2m～0.4m×0.4m，沿着厂区排入工业群主干道上的合流制系统，通过此合流系统进而排入附近的小河涌。如新桥第二工业区，厂区密集，成群分布，厂区内仅有一套合流沟系统，统一汇入工业区内主路上的合流沟系统，经汇集，排入旁侧小河涌。

　　b. 适用条件：根据现场实际情况，小河涌内因污水汇集，污染严重，合流沟系统也有较多污染物。厂区内部雨污水均排入厂区内部的合流沟中，较多厂区存在污染源不明确或合流立管无法改造等情况，将污水从原合流沟系统中彻底分出来接入市政管网内较为困难，且造价较高，施工不便。

　　c. 实施方案：可考虑将合流系统内的雨水分离出来，接入分流的雨水管网系统。此方案可保证雨水彻底从原合流系统内分离，满足雨季过流，节约造价，且大大改善了雨季污水处理厂水量负荷过大、低浓度运行的状态。

　　因此，此类小区的改造方案为保留现状排水系统为污水系统（若为渠道，则加盖板密封，防止臭气外溢），接入茅洲河流域（宝安片区）前期片区雨污分流管网工程新建的污水管网中；废除与现状排水系统相连的雨水口、雨水边沟和建筑雨水立管，新建一套雨水管网系统、雨水口收集系统及建筑屋面排水立管系统，实现该区域雨污分流排放。同时加入弃流井、环保雨水口、下沉式绿地等海绵设施，截流区域内面源初期污染。

　　此做法最大限度地利用了现状管网系统，通过新建片区雨污分流管网系统，在保证与原有系统衔接的同时，做到雨污彻底分离，减小污水处理厂的运行负荷，也使施工和协调难度大大降低。

　　2）利用现状管网作为雨水系统，新建一套污水系统。

　　a. 现状排水系统：少部分工业企业内污染源明确，且现场有条件新建立管系统，现状为一套合流排水系统。

　　b. 实施方案：此类小区的方案为沿厂区内主要道路新增污水管，废除与现状排水系统相连的污水排水口、合流立管等，使其接入新增的污水系统内，见图3.3-6。同时将现状排水系统作为雨水系统，将新建雨水口收集系统及建筑屋面排水立管系统接入已有的雨水系统，实现该区域彻底地雨污分流排放。

　　（2）公共建筑类小区改造。公共建筑区域包括文化教育、行政办公、公共事业、园林、交通、金融、服务、市场、医疗卫生等行业的建筑区域。

　　1）仅有一套合流制系统，可以进行改造的排水小区。

　　a. 现状排水体制：小区内仍为合流制排水系统，且现状有一套排水管道（或渠道）系统的区域，则保留现状排水系统为污水系统（若为渠道，则加盖板密封，防止臭气外溢），废除与现状排水系统相连的雨水口、雨水边沟、建筑排水立管，新建一套雨水管网系统、雨水口收集系统及建筑屋面排水立管系统，实现该区域雨污分流排放。

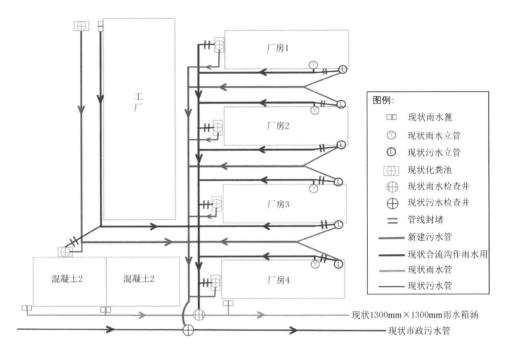

图 3.3－6　新建污水系统方案示意图

b. 方案示例：如某图书馆，仅有一套合流沟系统，系统末端尚存在混流情况，图书馆建筑混流立管情况复杂，此小区将原合流沟系统作为污水系统，新建雨水系统、雨水口收集系统等，彻底解决内部混接情况。

2）仅有一套合流制系统，无法进行改造的排水小区。

a. 现状排水体制：小区内仍为合流制排水系统，且现状有一套排水管道（或渠道）系统的区域，原系统即使改造也因人为污染等不能完全分流，则保留现状排水系统为污水系统，统一纳入海绵设施内进行调蓄。

b. 方案示例：例如，某农贸市场仅有一套合流系统，因市场内人员杂乱，存在较多售卖日常生活用品的商贩，人为倾倒垃圾等现象较为严重，即使新建雨水沟系统，也难以避免人为因素产生的污染。因此保留现状排水系统为污水系统，更改流向，收集区域内全部污水统一纳入海绵设施内进行调蓄。

医疗类排水小区的方案参照涉水企业的方案，在实施清源改造时，在废水处理设施周边 5~8m 内新建管理井，接入市政管网。对医院产生的废水进行处理，经环保部门监测达标后自行排入管理井内。

（3）居住小区类管网改造。居住小区雨污分流改造需注重源头防控，坚持雨污分流制，结合管线调查及运营情况，以系统梳理、纠正错接乱排、源头截断为主要实施方案，同时加强管理，杜绝点源污染直接进入河道。

该区域管网改造方案有以下几种类型：

1）保留现状排水系统：区域内已建设雨污分流制系统，保留现状排水系统，不再进行支管网建设，仅在该区域污水管排水口处核实出口是否纳入已建的污水处理厂污水管网系统，如未纳入，则本次支管网方案新建连通管线，将该部分污水与污水处理厂管网系统连通。本次支管网方案则考虑连通该部分管段，将小区污水纳入已建污水管网系统。

方案示例：某商业中心，前两年已拆除原小区，目前现场已建好新的小区。新建小区内部已实现源头雨污分流，但外围尚有错接乱接现象，方案为保留现状雨污水系统，将外围管线重新梳理后纳入已建污水管网系统（见图 3.3 - 7）。

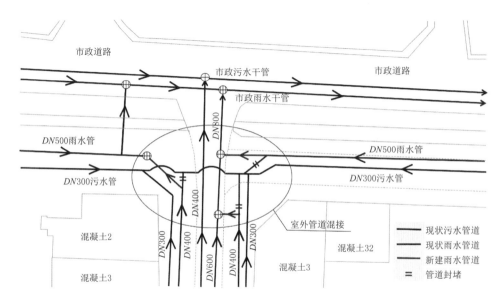

图 3.3 - 7　某商业中心污水管网改造示意图

2）新建雨水系统：区域内仍为合流制排水系统，且现状有一套排水管道（或渠道）系统的区域，则废除与现状排水系统相连的雨水口、雨水边沟、建筑排水立管（若为渠道，则加盖板密封，防止臭气外溢），新建一套雨水管网系统、雨水口收集系统及建筑屋面排水立管系统，实现该区域雨污分流排放。

方案示例：某新村区域，该区域建筑十分规整，部分已建雨污分流排水系统，但由于管理缺失、村民的乱接等，该区域排水仍为合流制排水。本工程将现有排水系统作为污水系统，对现状雨水口废除或改造，接入新建雨水系统中，并对合流的建筑排水立管进行改造：新建雨水立管接通现状屋面雨水斗；将原合流立管接屋面部分断开作为污水立管，并加装通气帽。

3）新建污水收集系统：区域内仍为合流制排水系统，现状有一套排水管道（或渠道）系统的区域，且生活污染源较为明确，有条件可以将污水分出，则沿主要巷道新增污水管，废除与现状排水系统相连的污水排水口、合流立管等，沿支巷道敷设化粪池连接管和建筑污水散排点连接管，使其接入新增的污水系统内；同时将现状排水系统作为雨水系统，新建雨水口收集系统及建筑屋面排水立管系统，接入已有的雨水系统，实现该区域彻底地雨污分流排放，使居民的生活卫生环境得以提升。

方案示例：某区域现状生活污染源非常明确，内部主要问题为错接乱接问题，原系统作为雨水系统，可新建部分污水管道将主要污染源接出至市政管网内，并对区域内合流立管进行改造，新建雨水立管（见图 3.3 - 8）。

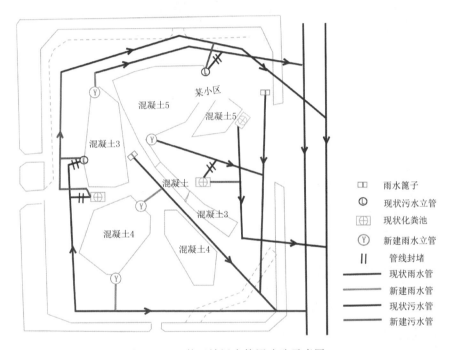

图 3.3 - 8　某区域污水管网改造示意图

（4）城中村类改造方案。城中村建筑分布杂乱、密集，道路狭窄，楼房、砖房及土房并存，人口相对集中，巷道设置杂乱、宽度不一，大多巷道宽度为 2m 左右，部分老旧城中村巷道宽度窄的地方不到 1m，且巷道贯通性差，管道重新敷设空间不够（见图 3.3 - 9）。

部分片区内城中村排水体制为合流制，主要采用合流盖板沟或巷道边沟进行排水，建筑立管直接接入合流盖板沟或巷道边沟，排水情况恶劣（见图 3.3 - 10）。

部分房屋地基深度和处理强度不一，铺设管线对周边的建筑基础影响较大，

（a）巷道1　　　　　　　　　　　（b）巷道2

图 3.3-9　某城中村现状

图 3.3-10　某区域合流制现状

甚至有倒塌的风险，工程实施难度大。

　　在以往的城中村改造方案中，如果巷道过窄，需要考虑拆迁才能开展雨污分流制管网升级改造的，在有条件拆迁的情况下，按照雨污分流原则改造管网；在无条件拆迁的情况下，则考虑在居住区外围采用总口截污，将居住区污水截流接入现状污水系统，预留远期污水出路（见图 3.3-11）。

　　部分城中村在巷道内铺设小管径塑料污水管，立管经改造后接入新建小管径污水管，保留现状系统排雨水或不对雨水系统采取措施（见图 3.3-12）。

　　由于城中村巷道窄、建筑物基础不牢，传统的雨污水管埋设方式难以实施，使得城中村正本清源改造尤为困难。根据以往经验，城中村主要以总口截污的方式收集范围内生活污水，但雨季时易造成大量雨水进入城市污水系统，导致污水处理厂进水量骤增、污水进水浓度降低、污水处理效率变差，同时会有大量生活污水外溢排至附近水体，造成水环境的严重污染，因此在国家水环境污染控制愈发严格的情况下，总口截污方式难以达到理想的污水收集效果。

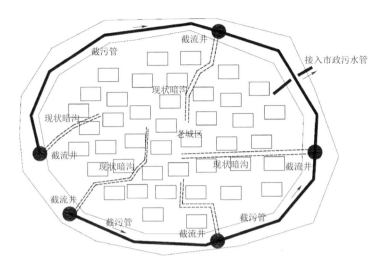

图 3.3 - 11　总口截流方案图

（a）立管改造1　　　　　　　　　（b）立管改造2

图 3.3 - 12　某城中村雨污分流改造示意图

　　在城中村巷道内沿现状合流沟或浅埋敷设小管径污水管（$DN200 \sim DN300$
UPVC），并在此基础上将 $DN160$ 的 UPVC 接户管深入建筑内部，形成城中村
小管径污水收集系统。同时进行建筑物立管改造，将现状合流立管改造为污水立
管，底部增设存水弯接入污水系统，顶部与屋面雨水斗截断，增设通气管及通气
帽；单独新建一条雨水立管，雨水立管散排至地面；最终将城中村内污水收集至

新建小管径污水收集系统。平面布置图及立管改造图见图 3.3 - 13。

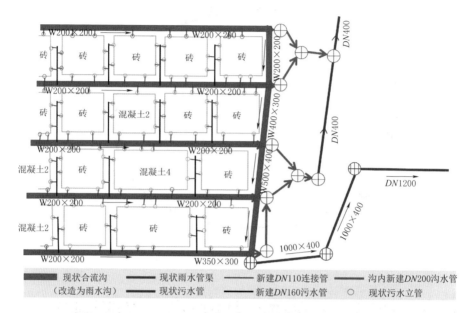

图 3.3 - 13 城中村污水管平面布置图及立管改造图

（5）建筑排水小区立管改造方案。在工业仓储类、公共建筑类、居住类建筑排水小区内部立管改造过程中，按照规范，每栋一般设置 4 根立管，部分狭长形的工业类小区可设置 6 根立管，一般选用 DN110 的 UPVC 管，立管连接管选择 DN160 的 UPVC 管，立管末端至雨水口处的埋地距离一般设置为 2～3m。立管改造可分为合流立管改造、雨水立管入地改造、雨水立管散排入地改造 3 种。

1）合流立管改造。原建筑合流管改造用作污水立管，并增设伸顶通气帽及立管检查口，新建雨水立管将屋面雨水单独接出，就近排入附近检查井或者雨水口内。合流立管改造示意见图 3.3 - 14。

2）雨水立管入地改造。将接入化粪池的雨水立管进行改造，在入地以下将雨水立管截断，就近排入新建的海绵设施或者附近雨水检查井、雨水口内。雨水立管入地改造示意见图 3.3 - 15。

针对楼层总数较高（大于 14 层）的公建或居住类小区，或新增雨水立管困难的小区，则将现状合流立管接入小区雨水管道，立管末端加设弃流井类海绵设施，弃流井与小区污水管连通，旱季时合流立管内的污水进入小区污水管，雨季时合流立管内的雨水溢流进入小区雨水系统。弃流井安装示意见图 3.3 - 16。

3）雨水立管散排改入地改造。原雨水立管直接散排地面，且周边有雨水检查井，本次对此类雨水立管改造入地。雨水立管散排入地改造示意见图 3.3 - 17。

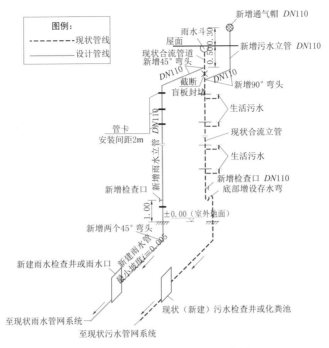

图 3.3-14 合流立管改造示意图

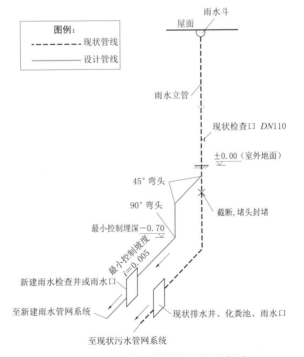

图 3.3-15 雨水立管入地改造示意图

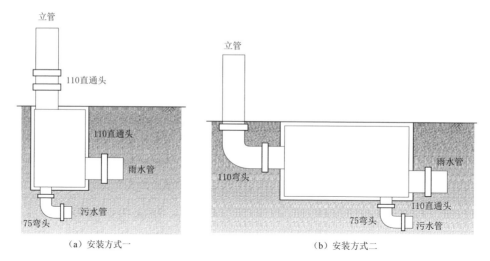

图 3.3 - 16　弃流井安装示意图

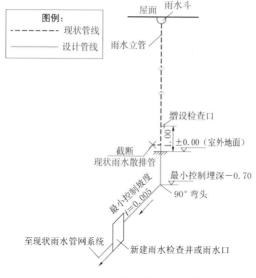

图 3.3 - 17　雨水立管散排入地改造示意图

城中村立管改造较为特殊，城中村类排水小区建筑物年代较早，缺乏科学合理的规划设计，建筑立管基本为混流立管。经调研，城中村混流立管主要有两类：一类是由建筑物屋顶开始自上而下收集各层生活污水，末端接入地下排水沟渠中；另一类是建筑物一楼穿墙伸出的污水排水管。因此城中村立管改造对象主要针对上述两类污水立管，改造内容则包括新建雨水立管和改造污水立管两部分，见图 3.3 - 18 和图 3.3 - 19。

第一类污水立管顶部与屋面雨水斗截断，新增通气帽及新建雨水立管，每栋新建 4 根 UPVC $DN110$ 雨水立管，接走天面雨水，雨水立管下端散排至地面；该类污水立管底部截断增设存水弯接入新建 $DN160$ 接户污水管或巷道内 $DN200 \sim DN300$ 污水管。

第二类污水排水管底部截断新增存水弯，接入新建 $DN160$ 接户污水管或巷道内 $DN200 \sim DN300$ 污水管。

深圳市合流制老城区均需进行正本清源改造，改造为分流制体系，剥离雨污管道中混进的不同性质污水、外来水等，减少入河污染。

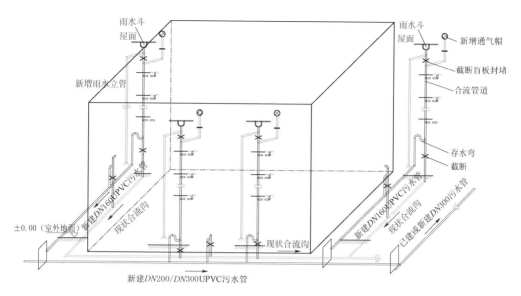

图 3.3-18　城中村类小区立管改造示意图一

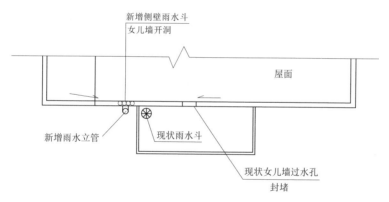

图 3.3-19　城中村类小区立管改造示意图二

3.3.2.2　分流制排水口改造方法

1. 分类改造策略

（1）分流制污水直排排水口。分流制污水直排排水口必须进行封堵，并在相关措施中进行岸上疏导，将上游污水接出至市政污水系统，再至污水处理厂处理，达标后排放。

（2）分流制雨污混接雨水直排排水口。分流制雨污混接雨水直排排水口形成的原因是排水口源头未实施彻底的雨污分流，所以应加强对雨污混接点的源头溯源工作，从源头进行正本清源。

但因城市发展过速，城中村等区域存在较多混接遗留问题，可在此种区域设置污水截流管道或截污设施等。若河道无管道位置，截污管道可临时敷设在河床位置，并采取严格措施防止河水入渗，同时应采取水体防倒灌措施。

（3）分流制雨污混接截流溢流排水口。此类排水口应在重点实施排水管道雨污混接改造的同时，按照能够有效截流的要求，对已有混接污水截流设施进行改造或增设截污调蓄设施，并采取水体防倒灌措施。

（4）分流制雨水直排排水口。若沿河设置的雨水排水口过多，为了减少排水口数量、集中排放以便管理，可对雨水排水口进行归并或保留。

当雨水排水口影响河道水质，初雨面源污染严重时，可在入河前设置截污设施等以削减初期雨水污染负荷。

2. 海绵城市改造

部分雨水排水口受上游汇水区域影响，降雨地表径流冲刷进入暗涵后仍存在较大的污染，在排水口改造过程中可结合海绵城市改造来削减雨水冲刷径流污染的影响。

（1）雨水断接管。雨季，屋面雨水通过雨水断接管进入水簸箕，通过缓冲雨水冲击（由于下沉式绿地内的种植土和可渗透性地面都属于软质土，直接被水冲击，会破坏植被。需在雨水排放处设置硬质缓冲块，用来缓冲雨水的直接冲击）、集中收集雨水排放至下沉式绿地，利用绿地与可渗透地面之间的高差，延长屋面雨水排放的径流时间和路线，可通过不同种植物和生物介质，有针对性地去除雨水中颗粒物、有机物、氮磷、重金属和油脂等污染物，处理后的雨水可通过滞蓄后进入绿地底部的 UPVC 盲管，排放至自然水体或市政管网以及回收利用等（见图 3.3 - 20 和图 3.3 - 21）。该方法可为自然渗透和蓄水创造条件，符合海绵城市"渗、蓄、滞、净、用、排"的设计理念，合理控制雨水径流，增强城市防洪能力，改善城市水生态环境，促进城市可持续发展。

（2）雨水调蓄池。对雨水进行调蓄，一方面可收集区域内产生污水；另一方面可在雨季时缓解污水处理厂压力。

降雨初期，在保证污水处理厂最大处理量的情况下，一部分混合污水进入污水处理厂进行处理，剩余的污水进入初雨调蓄池中蓄积。

若降雨继续进行，初雨调蓄池蓄满，缓冲廊道的水位会继续上升。当缓冲池的水位上升到在线雨水调蓄池的溢流水位时，雨水通过溢流的方式进入到在线雨水处理调蓄池，污染物在池内沉积，上清液溢流到雨水管，最后排入自然水体，实现边处理边排放。

在降雨后期，当雨水处理调蓄池的处理能力达到饱和，降雨继续进行时，缓冲廊道的水位会继续上升，后期雨水通过应急行洪廊道直接排放到自然水体。

当降雨结束、晴天，缓冲池流量小于污水处理厂的最大处理量时，潜污泵开始将初雨调蓄池和在线雨水处理调蓄池的雨水抽到缓冲廊道，通过管道排放至污

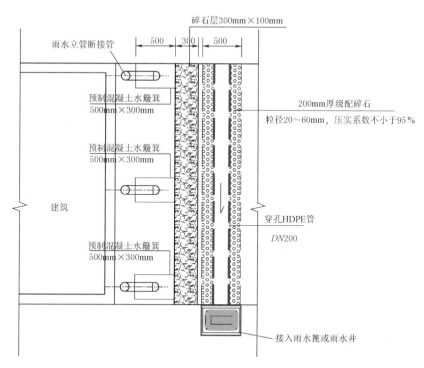

图 3.3-20 雨水断接管与下沉式绿地组合设施平面图

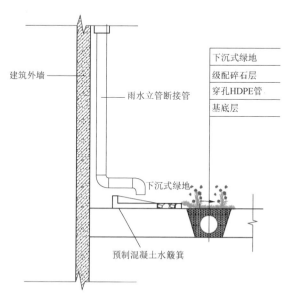

图 3.3-21 雨水断接管与下沉式绿地组合设施剖面图

水处理厂进行处理。调蓄池内的沉积物可以通过相应的冲洗设备进行冲洗（智能喷射器、拍门式冲洗门等）。冲洗后的污水通过潜污泵排放到污水处理厂处理。合流制雨水调蓄池示意见图 3.3 – 22。

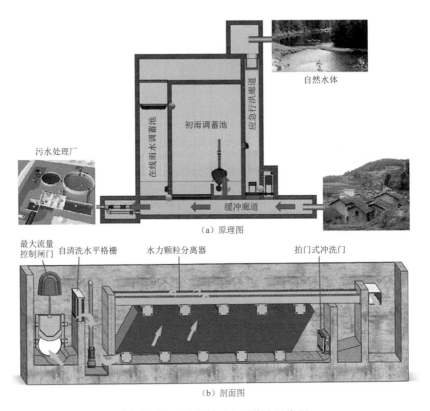

（a）原理图

（b）剖面图

图 3.3 – 22　合流制雨水调蓄池示意图

（3）弃流井。针对 14 层以上的混流立管，根据指南要求和实际情况，新建雨水立管较难（见图 3.3 – 23）。为减少初雨面源污染，可在屋面雨水系统雨水落管断接末端设置弃流井。弃流井可选用结构简单性能可靠且节约能源的无动力精确弃流井。

无动力精确弃流井由井体、浮箱、密封球、滑轮组件、手动闸门、浮动挡板等主要部件组成，采用水力自动控制启闭，通过浮筒的浮力带动密封球升降，从而启闭弃流口，无须人力或电力，且可对雨落管内初雨的弃流比例进行精确调控。

晴天时，旱流污水全部通过旱流污水口（弃流口）流至污水管。旱流污水口处设有手动闸门，可控制旱流污水流量。

降雨初期，随着缓冲室水位上升，浮动挡板跟着上升挡住水面的漂浮物。大部分雨水通过弃流口弃流到污水管，同时，少部分雨水进入浮箱室。浮箱处于浮箱室内，当浮箱室内水位达到预设高度时，浮箱也达到预设高度，从而控制密封球关闭弃流口。由于浮球堵住弃流通道，此时雨水会在浮球室内聚集，当浮球室内水位升高至出水管处时，雨水从出水管排出，此时雨水已变得较为干净，达到了预处理的效果。

降雨结束后，浮箱室的水通过旱流出水口经弃流管排出，浮箱下降到最低位置，浮球球悬起，弃流井复位。弃流井样图见图 3.3-24。

3.3.2.3 其他排水口改造方法

1. 泵站排水口

在排水管道系统完善和治理的同时，根据现有排水泵站运行情况，优化运行管理，特别是要降低运行水位，减少污染物排放量。

图 3.3-23 居住小区 14 层以上混流立管情况示意图

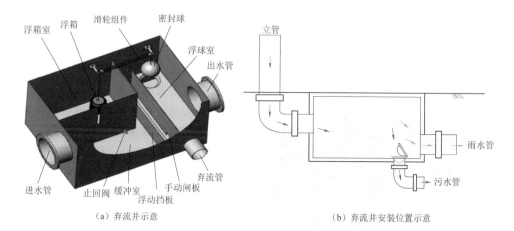

（a）弃流井示意   （b）弃流井安装位置示意

图 3.3-24 弃流井样图

2. 沿河居民排水口

沿河居住的居民因污水管道敷设条件差，生活污水直接排放到水体。沿河居民排水口是受纳水体黑臭的主要原因。若无实施条件，可采用沿河堤挂管、沿河堤敷设管道的方法收集污水，但需采取严格措施防止水体水入渗、管道内水外泄。

3. 设施应急排水口

通过增加备用电源和加强设备维护，特别是加强事先保养工作，降低停电、设备事故发生等引起的污水直排。

3.3.3　暗涵常规改造方法示例

根据对各类排水口的改造分析，最常用的改造方式应为排水口的封堵、归并及保留以及初雨面源污染点设置截流设施等。

3.3.3.1　排水口封堵改造方法示例

对摸排出的排水口，特别是 $DN300$ 以下小管径的排水口全部进行封堵，并在正本清源工程中进行岸上疏导。

管道封堵时应请专业潜水人员实施封堵作业，管道封堵前应进行管壁清理，彻底清除作业范围内的管壁所附着污垢及底部所积淤泥、垃圾，确保封堵墙（或气囊）及内壁黏结牢固。对于 $DN300$ 以上的污水管道一般用砌筑封头。砖封使用 $50cm \times 50cm$ 的道板结合水泥黏土浆（水泥：黄泥＝1：2）交叉叠砌，做到混合泥填实平缝及纵缝间隙，无通缝，封底长度为 $50cm$，并在堵头两侧抹厚度 $8cm$ 的 1：1 混合泥护面。封堵头子时，置两根引流管，确保管内水流畅通，保证地区不积水，缓解水流对封堵墙的顶压、冲击。直接放置引流管时，管壁与墙壁之间一定要用黏混泥严密填充。收口的好坏直接影响到封堵管道的成败，道板砌筑到管道顶部时，道板与顶部之间钉筑一排倒耙梢，反复钉筑至钉紧为止，在倒耙梢之间或其上抹、塞、粘混凝土。

实施方案示例：万丰河暗涵 WF-AH-03，尺寸 $1.2m \times 1.7m$，采用三维激光扫描技术排查出 4 个 $DN300$ 以下排水口，见图 3.3-25。

该排水口位于南环路附近，周边主要为居住区和工业区，其中 WFZ-Y-01-R-01 号排水口为 $DN100$ 混凝管，WFZ-Y-01-R-03 号排水口为 $DN200$ PVC 管，WFZ-Y-01-L-10 和 WFZ-Y-01-L-11 两个排水口均为 $DN200$ 混凝管，现场调查发现 4 个小排水口存在间歇性排污，物探资料显示上游无完整管网系统，经综合分析可以明确该排水口均为居民私接排水口。为确保污水不入河，对此类排水口采取暗渠内直接封堵措施。

图 3.3-25　现场排水口检测照片

3.3.3.2　排水口归并及保留改造方法示例

将小管径的多个排水口归并，对归并的排水口新建管道。将排水口串联，水流走向考虑从两边往中间收集，根据各个排水口管网流向、流域面积进行管网水力计算，确定归并后的排水口管径，被归并的排水口可作封堵处理。归并后的排水口做保留处理。排水口归并的目的是减少排水口数量，集中排放，以便管理。

1. 排水口归并方案

（1）相邻的不同管径排水口归并。可将小管径的排水口归并入大管径的排水口。具体措施为：新建雨水管道，将小管径的雨水截流至大管径管网中，统一通过大管径排水口排入河道，原小管径排水口可做封堵处理。

（2）相邻的相同管径排水口归并。需考虑各个排水口管网流向及流域面积，通过水力计算，确定归并后的排水口管径；再结合排水口和管网实际情况，考虑成本的节约，新建雨水管网和归并后排水口，将归并的雨水截至新排水口中统一排入河，原排水口可作封堵处理。

（3）多个排水口归并。根据各个排水口管网流向及流域面积，通过雨水量计算公式和管网设计计算公式，计算出归并后的排水口管径；再结合排水口和管网实际情况，考虑成本的节约，新建雨水管网和归并后排水口，将归并的雨水截至新排水口中统一排入河，原排水口可作封堵处理。

2. 实施方案示例

如图 3.3-26 所示，4m×1.4m 的暗渠上有 5 个临近的管径为 DN300 的排水口，经探查得知编号为 Z-50-W～Z-54-W 的 5 个排水口物探情况均为雨水口，因此考虑将这 5 个雨水口归并统一排放，以便管理。

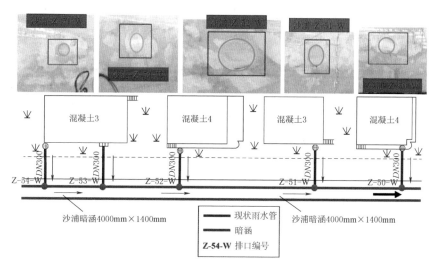

图 3.3-26　渠涵排水口未归并图

新建管道（见图 3.3 - 27），收集 Z - 50 - W～Z - 54 - W 的雨水，水流方向为从两侧向 Z - 51 - W 收集，根据各个排水口管网流向及流域面积，通过水力计算，确定归并后的排水口管径，并将被归并的排水口封堵，只保留归并口。

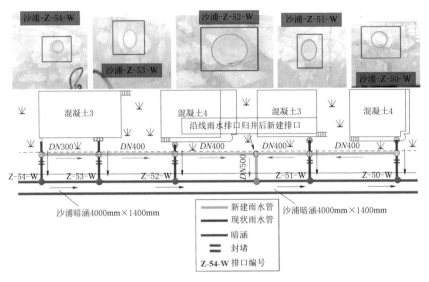

图 3.3 - 27　渠涵排水口归并图

3.3.3.3　初雨面源污染点改造方法示例

面源污染分级主要根据不同下垫面类别划分流域内各地块面源污染等级。面污染源污染等级根据初期雨水径流水质确定，以实测资料为准。如无实测资料，可参照表 3.3 - 3 中下垫面分类，经实际调查，划分面污染源污染等级。

具体参数选取如下：

表 3.3 - 3　　　　　　　　面源污染等级划分标准

等级	平均 COD_{Cr} /（mg/L）	下　垫　面　类　型
A	＜100	非城市建设用地、公园绿地等
B	100～200	高档居住小区、公共建筑、科技园区等
C	200～300	普通商业区、普通居住小区、管理较好的工厂或工业区、市政道路等
D	＞300	农贸市场、家禽畜养殖屠宰场、垃圾转运站、餐饮食街、汽车修理厂、城中村、村办工业区等

注　1. 汽车修理厂包括汽车 4S 店、修配厂、洗车场。
　　2. 村办工业区指内部零乱、卫生管理较差的工业区或工厂。
　　3. 平均值为降雨初期 7mm 范围内。

其中 D 等级为重点面源污染控制区域，主要为城中村、村办工业区、垃圾转运站、农贸市场等人口密度高、面源污染严重的区域。可重点考虑在雨水系统流经区域为 D 类型的排水口设置初雨弃流设施。初雨弃流设施常规包括弃流井、调蓄池等。

1. 弃流井设置方案

弃流管收集初雨最终排入雨污分流系统的弃流井，为Ⅰ类弃流井，此部分初雨通过雨污分流系统直接进入污水处理厂；弃流管收集初雨最终排入沿河截污系统（后期将作为初雨调蓄系统）的弃流井，为Ⅱ类弃流井，此部分初雨可通过调蓄系统分时段进入污水处理厂。

（1）Ⅰ类弃流井设置方案。

1）根据污染迁移过程中各流经小区下垫面性质划分，流经 D 类污染相对严重区域，且最终进入渠涵的排水口（含归并雨水口、保留雨水口），原则上当管径不小于 DN600 时，需考虑在入渠涵处设弃流井，弃流管收集管道初期雨水进入沿河截污系统或雨污分流系统内。当管径小于 DN600 时，因管道水量较小，考虑经济性及效益性情况下，可不设置弃流井。

实施方案：松岗河 SG - 02 暗渠，尺寸 9m×3.5m，沙浦 Y - 5 - W 为暗渠上 DN900 排水口（排查图见图 3.3 - 28），位于沙浦工业大道旁，探摸时有污水排出。此排水口沿岸周围为沙浦围社区和垃圾转运站，面源分级为 D 级，污染较严重，需考虑在此处设置弃流井。

沙浦 Y - 5 - W 排水口末端设置弃流井后，初雨弃流至现状 DN1000 市政污水管，直接进入污水处理厂处理，收集的雨水可通过现状雨水管排至暗渠内。设置的弃流井为Ⅰ类弃流井，见图 3.3 - 29。

图 3.3 - 28　沙浦 Y - 5 - W 排水口排查图像

2）对于断面小于 1.5m×1.5m 的暗渠，因不满足三维扫描排查条件，流经 D 类污染相对严重区域，最终进入渠涵的排水口，在此段进入渠涵末端处可设置弃流井。

实施方案：松岗河 SG - 01 暗渠，尺寸 4m×1.4m，沙浦 Z - 55 - W 为 1.5m×1.0m 的暗渠，不满足排查条件（排查图见图 3.3 - 30），位于沙浦工业大道旁，探摸时有污水排出。此排水口沿岸周围为锦圣机械五金厂，面源分级为 D 级，污染较严重，需考虑在此处设置弃流井。

沙浦 Z - 55 - W 排水口段暗渠末端设置弃流井后，初雨弃流至现状 DN500 市政污水管，直接进入污水处理厂处理，收集的雨水可通过现状雨水管排至暗渠内。设置的弃流井为Ⅰ类弃流井，见图 3.3 - 31。

（2）Ⅱ类弃流井设置方案。Ⅱ类弃流井设置条件同Ⅰ类弃流井，但末端进入

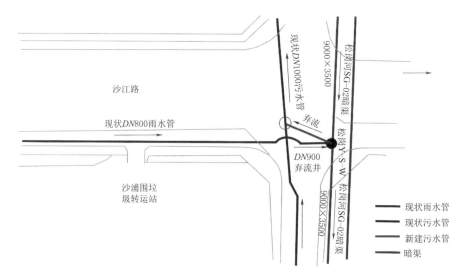

图 3.3-29　沙浦 Y-5-W 排水口弃流井设置方案示例

图 3.3-30　沙浦 Z-55-W
排水口排查图像

后期作为初雨调蓄系统的沿河截污管或调蓄池。沿河截污管或调蓄池等调蓄系统通过收集区域内初雨面源污染，分时段错峰排入污水处理厂。

实施方案：磨圆涌-01 暗渠，尺寸 6.0m × 1.8m ~ 8.0m × 1.3m，MY-01-L-02 为 DN12000mm 的排水口，位于新桥陂口一区城中村旁，探摸时有污水排出，面源分级为 D 级，污染较严重，需考虑在此处设置弃流井。

MY-01-L-02 排水口末端设置弃流井后，初雨弃流至现状 DN400 市政污水管，但因此段磨圆涌-01 暗渠末端设置了调蓄池，此段初期雨水均进入调蓄池，分时段排入污水处理厂，因此设置的弃流井为 Ⅱ 类弃流井，见图 3.3-32。

弃流井运行设计：浮球式弃流井由井体、浮箱、密封球、滑轮组件、手动闸门、浮动挡板等主要部件组成，采用水力自动控制启闭，通过浮筒的浮力带动密封球升降，从而启闭弃流口，无须人力或电力，且可对雨落管内初雨的弃流比例进行精确调控，见图 3.3-33。

晴天时，弃流井里的浮球未落下，管道内混进的部分污水通过弃流井内弃流管流向污水管道，做到晴天时污水零直排。

降雨时，初期的地面雨水污染程度较高，如果进入河道会对河道水质造成污染。通过浮球停靠位置判断降雨量的大小，让污染程度较高的初期雨水进入污水

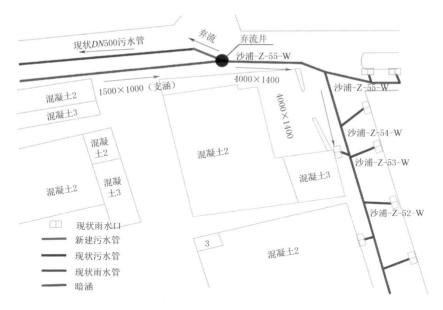

图 3.3 - 31　沙浦 Z - 55 - W 排水口弃流井设置方案示例

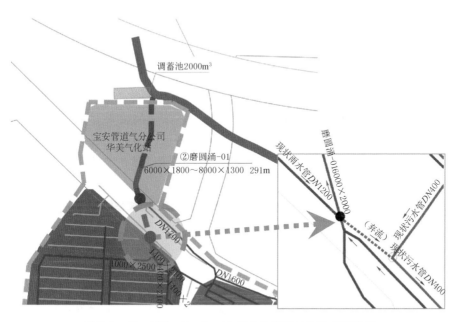

图 3.3 - 32　MY - 01 - L - 02 排水口弃流井设置方案示例

管；降雨中后期的雨水相对比较清洁，浮球降落关闭弃流口闸门，雨水进入河道内。由于浮球堵住弃流通道，此时雨水会在浮球室内聚集，当浮球室内水位升高至出水管处时，雨水从出水管排出，此时雨水已变得较为清洁，达到了预处理的

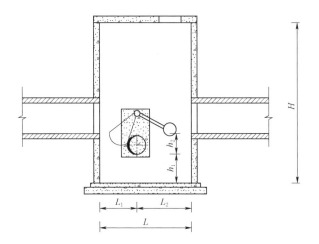

图 3.3 - 33　浮球式弃流井示意图

效果。

　　降雨结束后，浮箱室的水通过旱流出水口经弃流管排出，浮箱下降到最低位置，浮球悬起，弃流井复位。

　　2. 调蓄池设置方案

　　流经 D 类污染相对严重区域，最终进入渠涵的排水口、不满足排查条件的暗渠等，由于雨水水量较大，需在迁移过程或末端设置调蓄池。

　　改造方案：潭头河磨圆涌支流的暗渠磨圆涌-01，尺寸 6m×3m，主要收集周边 DN1600 雨水管道和 1.4m×2.1m 箱涵流经区域的雨水，流经区域多为城中村（新桥陂口一区、洋下四区、洋下三区）、餐饮一条街（城中村内餐饮店数量较多）等面源污染严重的区域（面源分级为 D 类），需在磨圆涌-01 进入磨圆涌末端处设调蓄池，对此区域面源污染进行管控，一方面可收集区域内产生污水，另一方面在雨季时可缓解污水处理厂压力。具体见图 3.3 - 34。

　　调蓄池运行：晴天时，磨圆涌-01 汇水区域内排入量较少（主要为沿岸路面冲洗水、城中村内部分生活用水等），此时关闭雨水泵房进水闸门，关闭调蓄池进水闸门，开启潜污泵，进水经泵室内的截流污水泵提升后排入相应的污水管道系统。

　　降雨初期，在保证污水处理厂最大处理量的情况下，一部分混合污水进入污水处理厂进行处理，缓冲廊道进口处堰门打开，末端限流阀门关闭，初雨调蓄池旋转堰打开，初期雨水经过自清洗格栅进入初雨调蓄池（见图 3.3 - 35）。

　　当降雨继续时，初雨调蓄池蓄满，缓冲廊道的水位会继续上升，当缓冲池的水位上升到在线雨水调蓄池的溢流水位时，雨水通过溢流的方式进入到在线雨水处理调蓄池，污染物在池内沉积，上清液溢流到雨水管，最后排入自然水体，实

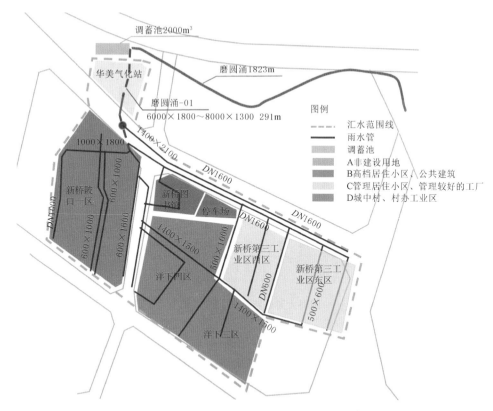

图 3.3-34 磨圆涌-01 调蓄池方案设置图

现边处理边排放。

降雨后期，当在线雨水处理调蓄池的处理能力达到饱和时，降雨继续进行，缓冲廊道的水位会继续上升，后期雨水通过应急行洪廊道直接排放至自然水体。

降雨结束、晴天时，避开早、中、晚高峰用水时段，水泵将调蓄池雨水提升至初雨通道进行错峰排水。调蓄池内的沉积物可以通过相应的冲洗设备进行冲洗（智能喷射器、拍门式冲洗门等）。冲洗后的污水通过潜污泵排放到污水处理厂处理，见图3.3-36。

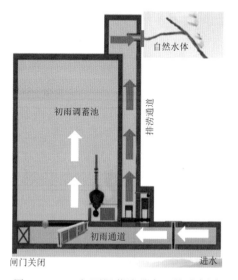

图 3.3-35 初雨调蓄池进水工况示意图

图 3.3 - 36 初雨调蓄池排水工况示意图

3.4 暗涵截污技术

汉流分布广、密度高的河道暗涵，传统上多采用在末端设置总口的形式对旱天污水进行截流，但这种做法雨季溢流风险大。暗涵整治过程中通过暗涵内截污的方式来对暗涵内部的排水口进行整治，可以达到清污分流的效果。

3.4.1 高密度建成区河道暗涵概况

3.4.1.1 河道暗涵现状

深圳市某河道 A 暗涵段及明渠段分布图见图 3.4 - 1，流域面积为 15.9km²，主河道全长 6.8km。该河道上游暗涵段有 5 条支涵，主涵及支涵现状见表 3.4 - 1。

表 3.4 - 1　　　　　　　　河道上游暗涵现状尺寸表

序号	桩　　号	长度 /m	暗涵结构	暗涵断面尺寸 /(孔数×宽×高)	淤积厚度 /m
主河道					
1	FTH0+000.00~FTH0+050.00	50.00	钢筋混凝土	1×4m×2.5m	0.20~0.40
2	FTH0+050.00~FTH0+585.00	535.00	钢筋混凝土	1×4.3m×2.6m	0.10~0.20
3	FTH0+585.00~FTH1+490.00	905.00	钢筋混凝土	1×5.9m×3.5m	0.10~0.35
4	FTH1+490.00~FTH2+341.58	851.58	钢筋混凝土	2×4.9m×4.5m	0.10~0.40
a. 1 号支涵					
1	FTHA0+000.00~FTHA0+099.83	99.83	钢筋混凝土	1×2m×1.8m	0.05~0.10

续表

序号	桩　号	长度/m	暗涵结构	暗涵断面尺寸/(孔数×宽×高)	淤积厚度/m
	b. 2 号支涵				
1	FTH$_B$0+000.00～FTH$_B$0+247.18	247.18	钢筋混凝土	1×2m×1.9m	0.05～0.40
	c. 3 号支涵				
1	FTH$_C$0+000.00～FTH$_C$0+353.07	353.07	钢筋混凝土	1×3m×2m	0.04～0.24
2	FTH$_C$0+353.07～FTH$_C$0+452.83	99.76	钢筋混凝土	1×5.5m×3.5m	0.10～0.26
	d. 4 号支涵				
1	FTH$_D$0+000.00～FTH$_D$0+453.11	453.11	钢筋混凝土	1×2m×1.7m	0.07～0.10
	e. 5 号支涵				
1	FTH$_E$0+000.00～FTH$_E$0+277.25	277.25	钢筋混凝土	1×2.4m×1.9m	0.07～0.12
	f. 6 号支涵				
1	FTH$_F$0+000.00～FTH$_F$0+960.00	960.00	钢筋混凝土	1×2.4m×2m	0.01～0.15
	g. 7 号支涵				
1	FTH$_G$0+000.00～FTH$_G$0+210.79	210.79	钢筋混凝土	1×2m×2m	0.01～0.20

图 3.4-1　河道暗涵及明渠段分布图

3.4.1.2　河道排水口现状

由于城市发展迅速，河道上游段主渠及支渠共 3.04km 被改造为钢筋混凝土矩形暗涵，下游段为明渠，暗涵段与明渠段由翻板闸隔断，原暗涵污水在翻板闸前明渠段采用总口截流，旱季混流污水通过闸门控制全部进入 $DN2000$ 污水管。根据现场踏勘，暗涵段共排查出 103 个排水口，其中旱季流水排水口有 19 个，编号为 W1～W19。排水口位置见图 3.4-2。

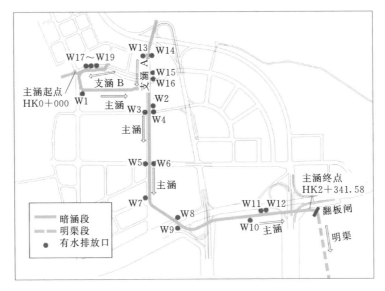

图 3.4-2　河道 A 暗涵段有水排水口分布图

据 2018 年 9—11 月旱季对该暗涵排水口的调查，该段排水口一共有 103 个，旱季流水排水口 19 个。暗涵末端 COD_{Cr} 及氨氮含量均超出地表 V 类水限值，暗涵水质较差为劣 V 类水。其中，9 个排水口的 COD_{Cr} 浓度超出地表 V 类水限值，13 个排水口的氨氮含量超出地表 V 类水限值（见图 3.4-3 和图 3.4-4）。COD_{Cr} 的超标量为 0.90～2.68 倍，氨氮超标量 0.06～31.55 倍。污水水质超标显著，对水体水质的影响严重，末端总口截流使河道内长期清污混流，形成黑臭水体。

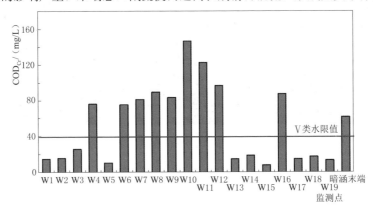

图 3.4-3　监测点 COD_{Cr} 浓度

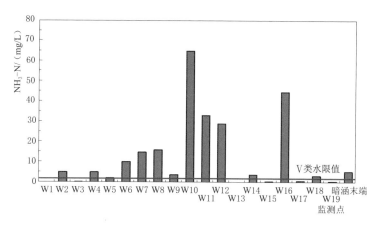

图 3.4 - 4 监测点 NH_3 - N 浓度含量

3.4.1.3 预计量测量成果

根据调查，河道 A 暗涵段有淤积情况，局部河道水体存在黑臭现象。河道暗涵段淤积厚度为 0.1～0.4m，支涵淤泥厚度为 0.05～0.5m，淤积总量约为 2000m³。暗涵内部淤积现状见图 3.4 - 5。

（a）　　　　　　　　　　　　　　（b）

图 3.4 - 5 暗涵淤积现状

3.4.2 暗涵截污整治技术方案

3.4.2.1 暗涵截污改造总体思路

根据极端条件下暗涵的特征，暗涵普遍存在以下问题：① 水质超标严重，河道长期处于黑臭状态；② 暗涵两侧污水管道覆盖不全面，且暗涵末端涵底标高低于污水管管底标高；③受空间限制，暗涵周围城中村在短期内雨污分流困难，部分管道内污水直排入河。为改善河道周边水环境，提高沿线小区居民的幸福感及获得感，需对暗涵进行应急截污处理，同时结合岸上雨污分流、正本清源工程进度，研究截污措施的存续和利用价值，确保河道水质长治久清。暗涵截污改造技术路线见图 3.4 - 6。

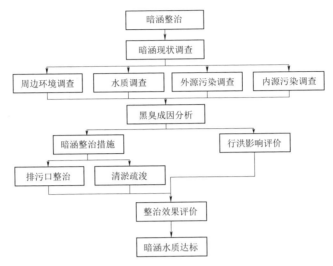

图 3.4 - 6　暗涵截污改造技术路线图

暗涵治理目标需满足：①正本清源，清污分流。结合当地正本清源改造进度，同步采取措施实现生态基流同截流污水的分离。②清淤疏浚，行洪排涝。对河道清淤截污后，应满足河道的行洪要求。③建管并举，长效管理。本着"三分建、七分管"的原则，截污方案充分考虑管养维护的要求。

3.4.2.2　暗涵截污方案研究

1. 暗涵截污方案比选

在暗涵内敷设截污管主要有密闭式和敞开式两种，分别见图 3.4 - 7 和图 3.4 - 8。密闭式采用管道敷设，敞开式采用渠道敷设，可根据具体情况选用。

（1）密闭式截污管优点是：①可仅对旱季有污水的排水口进行截流，下雨时其他雨水排水口的水不会进入到截污管中；②管道施工方便；③不易渗漏。密闭式截污管的缺点是管道会占据部分行洪断面，管道施工需要征得河道管理部门的同意。

（2）敞开式截污槽的优点是对行洪断面的影响小于截污管；缺点是下雨时其他雨水排水口的雨水也会进到截污槽内。

考虑到截污管的铺设对暗涵过水断面有一定的影响，因此需在横跨管数量、管径、截污管包封等方面结合暗涵情况进行合理设计，尽量避免减小暗涵过水断面。

根据河道本次研究暗涵段现状地理条件，上游渠道坡度较大，可充分利用渠道的坡度减小设计管道管径，建议采用密闭式截流管，局部结合点截污。

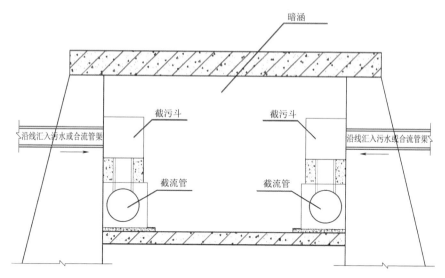

图 3.4-7　密闭式截污管

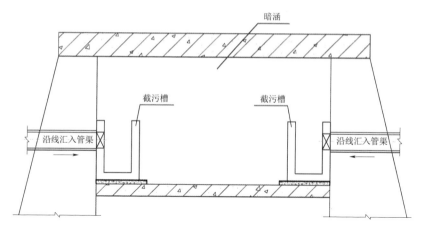

图 3.4-8　敞开式截污槽

2. 不同排水口的截污方案

根据对河道排水口调查结果，暗涵内污水排水口尺寸大，且分布在侧壁、顶板的不同位置，为保证对排水口污水的收集，同时尽量减少截污管的布置长度，需对不同类型污水排水口采取不同的截污方式。

（1）对于侧壁的排水口管径大于 $DN600$，或管径为 $DN200 \sim DN600$ 但排水口管底标高低于截污管管顶标高的，采用围堰＋短管连接，将污水接入截流井。在排水口底部设置围堰，通过 $DN200$ 的短管对排水口污水进行收集，接入截污管的检查井中，见图 3.4-9。

（2）对于侧壁的排水口管径大于 $DN600$，且为方涵的排水口，在排水口底

121

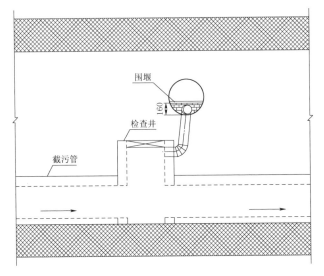

图 3.4 - 9　排水口类型一

部设置围堰，通过 $DN200$ 的短管对排水口污水进行收集，接入截污管的检查井中，见图 3.4 - 10。

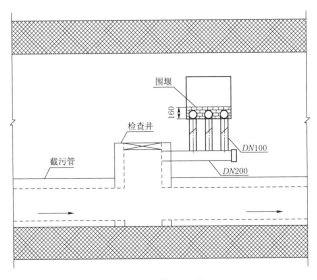

图 3.4 - 10　排水口类型二

（3）对于侧壁的污水排水口管径小于 $DN200$ 的，该类排水口一般为污水偷排直排水口，通常采取将排水口直接接入截流井的方式进行污水收集，见图 3.4 - 11。

（4）对于侧壁管径为 $DN200 \sim DN600$，且排水口管底标高高于截污管管顶标高的，考虑到围堰后对管道过流能力影响太大，可采用挂斗＋短管的方式，将排水口的污水通过挂斗进行收集，接入截污管的检查井中，见图 3.4 - 12。

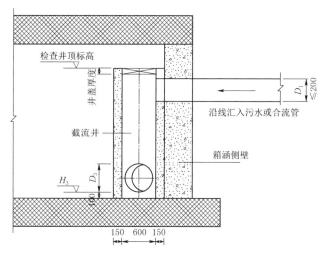

图 3.4 - 11　排水口截污类型三

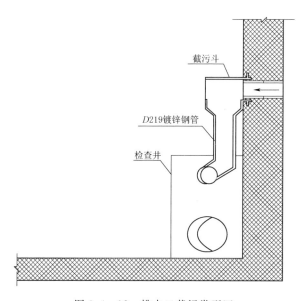

图 3.4 - 12　排水口截污类型四

（5）对于箱涵顶部的排水口，可采用限流漏斗将污水接入截流井，见图 3.4 - 13。

3.4.2.3　暗涵截污方案

1. 截污方案

根据排水口位置及汇水区污水量测算，需改造的排水口为 13 个。为防止污水直排入河，需在暗涵内敷设截污管，根据水量预测及水力校核，截流污水量约为 0.47 万 m^3/d，最高污水量为 0.82 万 m^3/d。设计截污管管径为 $DN400\sim$

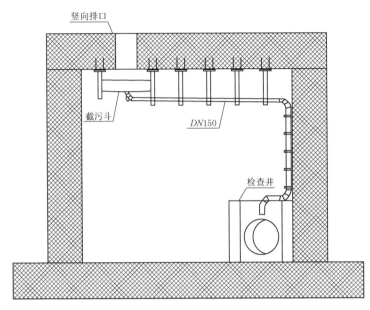

图 3.4 - 13　排水口截污类型五

$DN500$，设计坡度与暗涵坡度一致，总体设计坡度不小于 2‰。截污管检查井按 30～50m 断面间距布设，同时在每个排水口相近位置布设检查井收集排水口污水。

2. 排水口改造方案

针对排水口的水质、尺寸及类型，排水口改造方案主要有 4 类，分别为排水口截流类型一、二、四和五（见表 3.4 - 2）。其中，根据旱季实际污水量，排水口围堰的高度取 16 cm，且围堰截流仅用于不小于 $DN1000$ 的排水管渠。截污斗截流方案用于竖向排水口及小于 $DN1000$ 的排水管渠。排水口改造后，截污管仅收集旱季污水及部分初期雨水，雨季时排水口雨水均通过溢流通道流入暗渠。

表 3.4 - 2　　　　　排 水 口 截 流 方 案

序号	排水口编号	排水口尺寸/mm	排水口类型	改造方案
1	W4	$DN1200$	管道	排水口截流类型一
2	W6	$DN1000$		
3	W11	$DN1000$		
4	W12	$DN1000$		
5	W14	$DN1200$		
6	W18	$DN1600$		
7	W2	2000×2000	方涵	排水口截流类型二
8	W5	2000×1700		
9	W7	2400×1900		

序号	排水口编号	排水口尺寸/mm	排水口类型	改造方案
10	W10	$\phi 700$	竖向检查井	排水口截流类型五
11	W16	$\phi 600$		
12	W8	$DN600$	管道	排水口截流类型四
13	W9	$DN500$		

3.4.2.4　截污方案优化

由于暗涵截污管施工管养困难，存在大量有毒有害易燃气体，所以截污方案应充分考虑工程落地、行洪影响及后期管养需求。暗涵截污管及检查井采用塑料管及塑料成品井，接口处均采用承插式橡胶圈接口连接，在保证防渗漏功能的同时还便于运输、安装。当管道需要敷设在河道内时，需采用混凝土包封，传统的四面包封占河道横断面积较大，需进行方案优化。本次工程根据钢筋混凝土暗涵结构特点，采用两侧包封，且截污管贴暗涵壁敷设（见图3.4-14）。

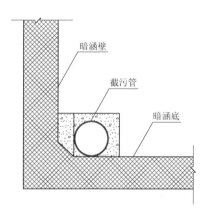 

（a）包封方案设计　　　　　　　　（b）现场管道敷设

图 3.4-14　截污管包封方案

3.4.3　暗涵截污改造影响评价

3.4.3.1　评价方法

治理后，河道氨氮含量采用纳氏试剂分光光度法测量，化学需氧量（COD）含量采用重铬酸盐法测量，评价截污工程对暗涵排水口整治的效果。

采用数值模拟法分析截污措施对暗涵的行洪影响，防洪标准为100年一遇，计算数学模型采用圣维南偏微分方程组：

$$\begin{cases} B\,\dfrac{\partial Z}{\partial t}+\dfrac{\partial Q}{\partial s}=q(t) \\[2mm] \dfrac{1}{g}\dfrac{\partial v}{\partial t}+\dfrac{\partial}{\partial s}\left(z+\dfrac{v^2}{2g}\right)+\dfrac{Q\,|Q|}{A\,K^2}=0 \end{cases}$$

式中：B 为水面宽，m；Z 为水位，m；Q 为流量，$\mathrm{m^3/s}$；q 为旁侧入流 $\mathrm{m^3/s}$；v 为断面平均流速，m/s；g 为重力加速度，$\mathrm{m/s^2}$；A 为过水断面面积，$\mathrm{m^2}$；K 为过水断面的流量模数。

行洪计算工况分为：①清淤工况。暗涵清淤后的暗涵断面，计算主支涵水面线。②截污工况。在清淤后的断面基础上，考虑截污工程实施后的暗涵断面，计算主支涵水面线。

根据 A 河道历史资料，采用主涵出口处水位作为本次模型计算的下边界水位，暗涵出口处 100 年一遇水位为 12.44m（1956 年黄海高程系）。

3.4.3.2 排水口整治行洪影响及截污效果评价

根据计算，在不同工况下，A 河道的主涵及支涵各断面水位均未超过暗涵涵顶（见图 3.4 - 15 和图 3.4 - 16）。清淤工况下，各断面均存在 0.4m 以上的安全余量。截污工况与清淤工况相比仅管道包封部分占据暗涵断面，各断面水位上升 0～0.24m。除个别断面外，各断面仍存在 0.4m 以上的安全余量，且均表现为无压流。根据计算结果，河道暗涵段通过清淤和截污措施后，主支涵防洪能力均能够满足 100 年一遇的行洪标准。

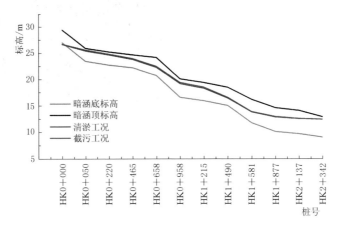

图 3.4 - 15 不同工况下主涵水位

截污及清淤工程实施后，A 河道暗涵段水质好转，根据现场 3d 连续监测数据，氨氮含量不高于 0.3mg/L，COD_{Cr} 含量不高于 20mg/L。暗涵不仅不黑不臭，且 COD_{Cr} 及氨氮含量均达到地表Ⅲ类水标准。

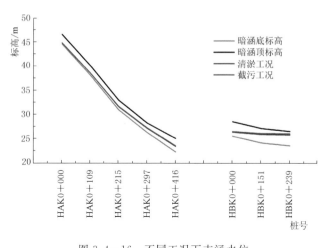

图 3.4 - 16　不同工况下支涵水位

第4章

暗涵设施改造及管理维护

4.1　暗涵排水设施改造

暗涵周边雨污分流改造等工程实施后，源头排水小区已彻底实现雨污分流。然而，在降雨发生时，雨水和径流冲刷城市地面，径流面源污染通过排水系统的传输，汇入受纳水体，引起水体污染。另外在暗涵经过分流改造后，仍存在管养维护较为困难的情况，因此对暗涵进行局部功能改造，以提高营养维护水平是必要的。雨水排水系统，一般由雨水源头收集设施（如雨水口）、传输系统（如雨水输水管渠）、末端排放设施（如排水口）组成。本书主要对相关设施的改造进行详细介绍。

4.1.1　源头收集设施改造

4.1.1.1　雨水口改造

雨水口是城市管道排水系统汇集地表径流的设施，环保雨水口可有效去除雨水径流中的漂浮物、固体垃圾、油和油脂等污染物，结构形式有带滤篮的雨水口和带过滤器雨水口，见图4.1-1。

带滤篮雨水口井体底部为沉淀区，用来收集沉降的固体颗粒物。滤篮放置在进水口处，同时滤篮设有提柄，可方便将其取出清理。滤篮上的滤水孔可拦截雨水中粒径大的污染物，滤水孔上方设有溢流口，暴雨时可增大过流量，防止路面积水。

带过滤器雨水口内装有过滤器，雨水先经滤篮简单拦截后，进入过滤器区进行过滤处理后排放，暴雨时可以经过紧急溢流口直接排放。

4.1.1.2　水力颗粒分离器

水力颗粒分离器是一种雨水预处理设施，在该设施内设有拦截滤网框和除油

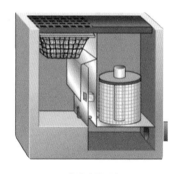

（a）带滤篮雨水口　　　　　　　　（b）带过滤器雨水口

图 4.1-1　环保雨水口结构示意图

脂模块，底部设有挡砂墙。降雨时可以对雨水中的漂浮物和悬浮物进行拦截收集，对雨水中的油脂进行吸附，同时可以对雨水中的较大颗粒物进行阻挡沉降。水力颗粒分离器可设置在居民小区、商业区、工厂区等单元的市政雨水管道前（见图 4.1-2）。

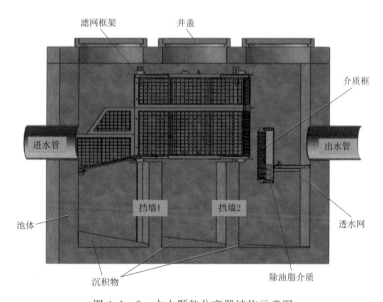

图 4.1-2　水力颗粒分离器结构示意图

4.1.2　排水设施改造

下开式堰门由启闭油缸驱动控制门板升降。启闭油缸可配备自动控制系统，对液动下开式堰门可实现无人值守自动控制。上游的水从门板的上方溢流出来，门板可根据需要进行升降并且可停止在任意位置，以控制配水流量或调节上游水

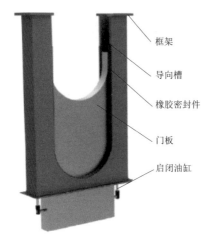

框架

导向槽

橡胶密封件

门板

启闭油缸

图 4.1 - 3 下开式堰门结构示意图

位，从而实现冲洗、水位控制和流量控制等多种功能，见图 4.1 - 3。

1. 冲洗功能

当传感设备检测到管道或箱涵累积有污泥、杂物时，自动控制系统接收到传输信号并驱动启闭油缸工作，堰门板向上运动关闭，上游水位逐渐上升；超声波液位传感器采集到最高水位信号时，反馈数据到控制系统，系统计算后开始驱动启闭油缸工作，堰门向下运动打开，利用上下游水位差蓄能完成一次冲洗污泥、杂物。

传感设备持续检测采集信号，如果还有污泥、杂物，自动控制系统会发指令驱动启闭油缸工作，驱动堰门关闭蓄水；到达高水位时，堰门开启放水，完成二次冲洗。

周而复始直至传感设备没有检测到污泥、杂物的信号时，完成自动控制冲洗工作，从而实现冲洗清洁功能。

2. 水位控制功能

控制系统通过超声波水位传感器对上下游水位进行检测，同时采集堰门的开度位置信号并进行计算，然后根据事先设定的水位状态的控制指令驱动油缸工作，精准控制堰门的上升与下降，使水位始终维持预设高度。

3. 流量控制功能

控制系统通过超声波水位传感器对上下游水位进行检测，同时采集堰门的开度位置信号并进行计算，然后发出控制指令调控堰门的上升与下降高度，使排水量达到预设值，精准地维持恒定流量。

4.1.3 末端排水口改造

末端排水口改造的目的是对排放雨水进行控制。弃流井主要是对雨水管道中的初期雨水进行弃流，该设备主要用于雨水收集系统中。弃流井将裹挟污染物较多的初期雨水通过弃流管弃流至市政污水管道中，中后期雨水则排入市政雨水系统或河道内。目前常见的无动力式弃流井为浮筒或者浮球阀式样。

弃流井的工作原理：旱季时，旱季污水全部通过弃流口弃至污水管，弃流口处设有闸门，可控制旱季污水流量；雨季时，初雨时闸门保持全开，初雨通过弃流口弃至市政污水管；雨量增大后，随着进水水位的上涨，弃流井内浮筒开始浮起升高，带动闸板向下逐渐关闭至设定位置，排入市政雨水通道或河道。弃流井示意图见图 4.1 - 4。

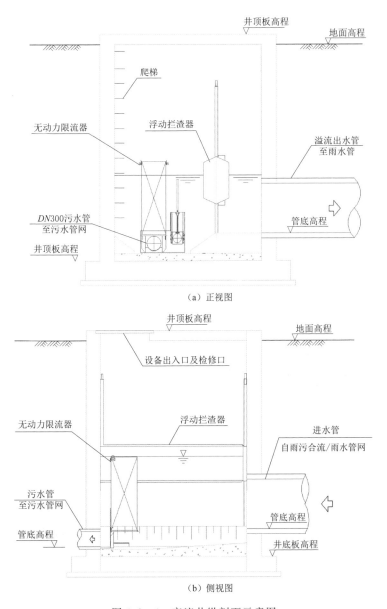

（a）正视图

（b）侧视图

图 4.1-4 弃流井纵剖面示意图

4.2 暗涵设施管理维护方法

4.2.1 暗涵系统管理分类

暗涵本身是用作行洪排涝的一种结构，但在暗涵内部通常存在大量的支管暗接的情况，造成此种现象的原因有两方面：一方面，随着开发程度的提高，暗涵两侧大范围城市更新，人口聚集，暗涵周边排水小区未彻底完成雨污分流，大量生活污水、生产废水直排入暗涵中，导致暗涵内部黑臭，淤积严重；另一方面，由于暗涵上游明渠段排水口未经整治，大量污染源可能直接排入渠道内，对河道造成极大污染。

基于此，暗涵系统的管理可分为暗涵周边排水小区的管理、暗涵上游明渠段排水口管理两部分。

4.2.2　暗涵系统管理技术路线

暗涵系统管理技术路线见图 4.2-1。

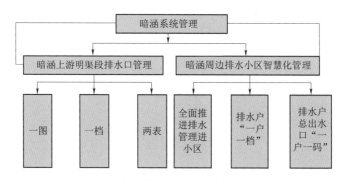

图 4.2-1　暗涵系统管理技术路线图

4.2.3　暗涵系统管理方法

4.2.3.1　暗涵上游明渠段排水口管理

暗涵上游明渠段排水口的长效管理是河水长清的重要保障，需对保留的排水口进行编号并统一管理，建立"一图、一档、两表"长效管理机制，明确监管责任，确保水功能区水质稳定达标，为下一步开展主要河流综合治理、明确各级河长责任提供基础和依据。

本书以潭头河磨圆涌 MY-M 分流制雨水排水口为例进行阐述。MY-M-1排水口为 $6000mm \times 3000mm$ 的暗涵，浆砌石挡墙结构，汇水面积为 $16.3hm^2$，主要收集新桥坡口一区、洋下五区、洋下四区小区的雨水。针对该排水口设置"一图、一档、两表"的模式进行规范化管理。

"一图"是指描述排水口汇水区域、雨水管道流向、排水口位置、周边水体名称等详细信息的示意图，以便于管理者识别重要信息。潭头河磨圆涌 MY-M排水口管理示意图见图 4.2-2。

"一档"是指将排水口的编号、水体名称、位置、类型、周边排水小区、坐标、断面尺寸、高程、排水口材质、污水排水情况等信息进行整理归档，做到信息准确。潭头河磨圆涌 MY－M－1 排水口档案示意见表 4.2－1。

表 4.2－1 中排水口类型是按序号对排水口进行一级分类编号。根据排水口排出水的类别和存在的问题，对排水口进行二级分类编号，用数字表示，详见表 4.2－2：排水口材质包括渠（钢筋混凝土、砖砌、块石等）、管（钢筋混凝土、复合管材等）。出流方式包括淹没出流、半淹没出流、重力出流。末端控制包括直排入河（拍门、闸板、鸭嘴阀、截流堰）和入沿河截污箱涵。

"两表"是指排水口周边排水小区及其违章整治情况一览表和排水口检查登记表。源头排水小区的错接乱排是导致渠涵黑臭的重要成因之一，因此，做好排水口的溯源工作、对周边排水小区进行长效监管是排水口长效管理工作的重中之重。潭头河磨圆涌 MY－M－1

图 4.2－2　潭头河磨圆涌 MY－M
排水口管理示意图

排水小区及其违章整治情况一览表见表 4.2－3。2019 年度潭头河磨圆涌 MY－M－1排水口检查登记表见表 4.2－4。

建立起长效管理机制后，需建管并举，加强监管，坚持问题导向，分类施策，综合治理，确保河道水质不断提升、水环境质量持续向好。

4.2.3.2　暗涵周边排水小区的管理方法

为防止暗涵周边排水小区污水接入，在排水小区彻底正本清源后，需对暗涵周边排水小区总出水口做好监管，建立排水小区长效管理机制。

（1）全面推行排水管理进小区，从源头截断入暗涵污染。做好"排水管理进小区"政策宣讲工作，督促专业排水公司配置足够的人力物力，全面接管建筑小区内共用排水管渠。开展首次进场的检测、测绘、清疏、修复改造等工作，完成小区排水管渠基础数据普查工作，并纳入排水 GIS 系统管理。完善建筑小区排水管渠运营维护质量标准，强化运维监管，提升排水管网质量与成效。

表 4.2－1　　　　潭头河磨圆涌 MY－M－1 排水口档案示意表

责任人：　　　　　　　　　　　　　　　　　　　　　　　　　建档时间：　　年　月　日

编　　号	5－MY－M	水体名称	潭头河
位置	深圳市宝安区新和大道新桥坡口一区	排水口类型	HJ－2
坐标（X）	42170.7917	坐标（Y）	92513.6223
断面尺寸/(m×m)	6×3	底部高程/m	16.08
排水口材质	浆砌石	水体常水位/m	18.50
出流方式	半淹没出流	末端控制	直排入河
是否有污水排出	是	污水深度/mm	15

周边排水小区	4－19－27 新桥坡口一区	内部混流√	4－19－29 洋下四区	内部混流√
		错接乱排		错接乱排
		其他		其他
	4－19－28 洋下五区	内部混流√		
		错接乱排		
		其他		
排水口照片	—			

表 4.2－2　　　　　　　排 水 口 二 级 分 类 表

排水口排水类别	污水直排	混接污水	地下水入渗	倒灌	其他问题
二级分类编号	1	2	3	4	5

表 4.2－3　潭头河磨圆涌 MY－M－1 排水小区及其违章整治情况一览表

排水口编号：MY－M－1

序号	小区编号	名称	地块性质	排水户类型	处理情况	整治完成情况	备注
1	4－19－27	新桥坡口一区	城中村	达标			
2	4－19－28	洋下五区	城中村	内部混流	已于 2019 年 5 月上报区水务局	已整治	
3	4－19－29	洋下四区	城中村	达标			
…	…	…	…	…	…	…	…

填报人：　　　　　　　　　　　　　　　　　　　　填报时间：　　年　月　日

注　1. 排水户类型：达标、内部混流、错接乱排、其他。

　　2. 处理情况：是否上报区政府以及上报时间、执法情况如执法单号等。

　　3. 若下游有截污措施或应急处理站之类的应注明。

表 4.2－4　　　　2019 年度潭头河磨圆涌 MY－M－1 排水口检查登记表

序号	排水口编号	核查日期	核查时间	充满度/mm	设施完整度	是否违章及违章类型	拍照或视频	检查人	备注
1	MY－M－1	2019.5.15	8：40	500	完整	否	—	—	
…	…	…	…	…	…	…	…	…	…

注　设施完整度指排放口挡墙、护坡、跌水消能等设施的完整程度。

（2）建立"一户一档"，纳入排水户管理信息平台管理。针对暗涵周边排水户，严格实行排水许可制度，完成排水户普查工作，建立"一户一档"，纳入排水户管理信息平台管理。将经营性排水户全部纳入网格化日常巡查管理。建立区水务部门、排水公司、街道、社区分级管理机制，强化水务、生态环境、城管和综合执法、市场监管等部门联动，形成长效管理机制。

总出水口管理井标准化管理，实现"一井一码"，智慧监管。为了防止错接乱排，保证入河排水口水质，可开展暗涵周边排水小区总出水口管理井标准化管理，实行"一井一码"。具体管理步骤为：第一步对现有井盖进行临时编码；第二步对临时编码的井盖进行排查、核实、纠错，形成正式编码，并导入 GIS 系统，进行智能化管理，按照深圳市相关部门要求进行编码。编码方案见图 4.2－3。

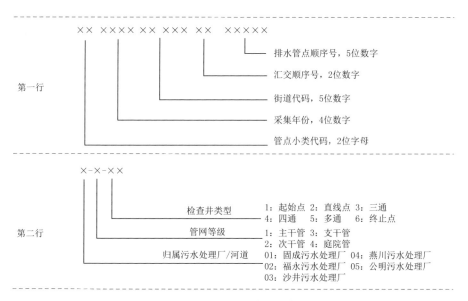

图 4.2－3　井盖编码方案

每个管理井应赋予唯一标示码。茅洲河排水管点的编码方案见表 4.2－5。

表 4.2－5　　　　　　　　　　　　茅洲河排水管点编码方案

序号	属性	编 码 索 引	备注
1	管理类型	YS：雨水管道；WS：污水管道	第一行
2	街道代号	06017：新安；06018：西乡；06019：航城；06020：福水；06021：福海；06022：沙井；06023：新桥；06024：松岗；06025：燕罗；06026：石岩	第一行
3	片区代号	1：茅洲河；2：大空港；3：前海；4：铁石	GIS
4	污水管归属污水处理厂/雨水管归属河道	01：固成污水处理厂；02：福永污水处理厂；03：沙井污水处理厂；04：燕川污水处理厂；05：公明污水处理厂	第二行
		01：茅洲河、02：排涝河、03：沙井河、04：石岩渠、05：松岗河、06：上寮河、07：罗田水、08：龟岭东水、09：老虎坑水、10：沙博西排洪渠、11：新桥河、12：塘下涌、13：共和涌、14：万丰河、15：衙边涌、16：东方七支渠、17：潭头渠、18：潭头河、19：后亭排洪渠、20：步涌排洪渠、21：道生围涌、22：福永河、23：德丰围涌、24：机场外排洪渠、25：灶下涌、26：沙福河、27：石围涌、28：塘尾涌、29：玻璃围涌、30：三支渠、31：机场北排洪渠、32：下涌、33：沙涌、34：和二涌、35：坳颈涌、36：虾山涌、37：孖庙涌、38：机场内排洪渠、39：钟屋排洪渠、40：南环河、41：双界河、42：新圳河、43：西乡大道分流渠、44：西乡河、45：新涌、46：铁岗水库排洪渠、47：咸水涌、48：南昌涌、49：固成涌、50：共乐涌、51：石岩河、52：应人石河、53：黄麻布河、54：石陂头支流、55：上屋河、56：塘坑河、57：水田支流、58：九围河、59：龙眼水、60：沙芋沥、61：塘头河、62：天圳河、63：王家庄河、64：上排水、65：田心水、66：石龙仔	第二行
5	管网管级	1：主干管；2：次干管；3：支管；4：庭院管	第二行
6	检查井类型	1：起始点；2：直线点；3：三通；4：四通；5：多通；6：终止点	第二行
7	坐标	(X, Y)	GIS
8	管径		GIS
9	高程		GIS
10	社区		GIS
11	井盖顺序号	×××××	第一行
12	采集年份	××××	第一行
13	汇交顺序号	汇交顺序号由管理单位或建设单位按照汇交次数的顺序编号，如 01：管理单位或建设单位第一次汇交的室外排水设施数据采集的成果数据	第一行
14	完工时间		GIS
15	相关单位	建设单位、设计单位、施工单位、监理单位	GIS

　　在对井盖编码的同时，需对现场数据进行采集并进行处理，最终确认无误后录入 GIS 系统，按以下流程执行（见图 4.2－4）。

　　实际运用时，由于 App 自带定位功能，走至检查井附近打开 App 即可自动定位当前检查井查看其编码、对应管网数据、与河道相连接等数据信息，可对雨

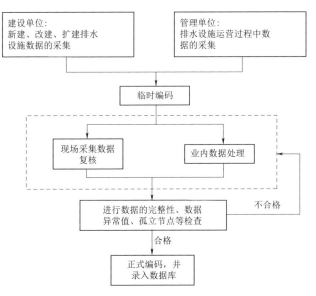

图 4.2-4　井盖编码工作流程

污分流效果进行长效监管，实现对现状雨污水检查井的智能化管理。

4.2.3.3　暗涵养护管理

对于暗涵水环境的保持需要依靠常态化、制度化的养护管理，暗涵的养护管理工作主要包括巡视和养护。

1. 巡视检查

（1）暗涵系统性的检查周期应符合以下规定：

1）功能状况检查的周期为每 1～2 年检查 1 次，易积水点应每年汛前进行功能状况检查。

2）结构状况检查的周期为每 5～10 年检查 1 次，流沙易发地区等地质结构不稳定地区的暗涵、涵龄 30 年以上的暗涵、由原有明渠直接加盖形成结构质量差的暗涵，检查周期应进一步缩短。

（2）暗涵内部检查每年应不少于两次，并应包括以下内容：

1）清淤口和检查口井盖链条和锁具是否缺损。

2）爬梯是否丢失或破损。

3）暗涵侧壁、底板是否存在泥垢、裂缝、渗透和抹面脱落等问题。

4）管口和流槽是否破损。

5）防坠设施是否缺失、破损，是否存有垃圾、杂物。

6）水位和流向是否正常，是否存在雨污混接，是否存在违章排放、私自接管等。

（3）暗涵系统巡视对象包括：管渠、检查井、清淤口、雨水口和排放口。

（4）管渠、检查井、清淤井、雨水口巡视的具体要求参照相关标准。

2. 定期养护

（1）暗涵渠道的检查井、雨水口及井盖和雨水篦养护内容参照相关标准执行。

（2）暗涵可参照表 4.2-6 频率要求进行养护。

表 4.2-6   暗 涵 养 护 频 率 表

项目	暗涵大小				检修口、清淤口	雨水口
	小型	中型	大型	特大型		
养护频率/（次/年）	2	1	0.5	0.3	4	4

（3）盖板沟、暗涵潮门、闸门、暗涵出水口、建设工地及周边暗涵养护工作、参照相关技术规程及规范。

（4）管理单位应制定本地区的暗涵养护质量检查办法，并应定期对暗涵的养护情况进行检查，养护质量检查应做到每 3 个月至少检查 1 次。

（5）暗涵养护必须做好安全防护，确保操作人员人身安全。

第5章

暗涵整治案例

5.1 茅洲河流域暗涵整治典型案例

5.1.1 潭头河暗涵整治

5.1.1.1 潭头河河道概况

潭头河位于深圳宝安区沙井北、松岗南,属茅洲河二级支流,为排涝河一级支流,发源于五指耙水库西侧山谷,由东向西穿越广深公路、广深高速公路、于潭头二村西汇入排涝河。潭头河流域面积为 $4.83km^2$,其中城镇面积为 $4.5km^2$,河长为 5.3km,上游分水岭高程为 133m,河口高程为 0.48m,河流平均比降 2.6‰。

潭头河共有 8 条渠涵(支流)。其中,潭头河支流共 3 条,包括左支流、右支流及磨圆涌,左支流范围为 107 国道暗涵汇合口至左支上游石场路附近,长 1.67km;磨圆涌范围为广深高速至洋下泵站入潭头河干流河口,长 1.82km。右支流范围为松岗大道至潭头河干流入口,长 1.35km。此外,潭头河主河道及支流还有 5 条渠涵汇入,分别为磨圆涌-01,左支流-01,左支流-02,右支流-01,TH-01。潭头河渠涵一览表见表 5.1-1。潭头河渠涵分布图见图 5.1-1。

表 5.1-1　　　　　　　　　　潭头河渠涵一览表

序号	渠涵名称	渠涵长度/km	明渠(暗渠)段长度	规格尺寸
1	磨圆涌	1.82	暗渠段 0.44km,明渠段 1.38km	5.0m×2.0m～5.9m×2.8m
2	磨圆涌-01	0.29	全暗渠	6.0m×1.8m～8.0m×1.3m
3	左支流	1.67	暗渠段 1.38km,明渠段 0.29km	5.2m×2.9m～5.9m×2.8m

续表

序号	渠涵名称	渠涵长度/km	明渠（暗渠）段长度	规格尺寸
4	左支流-01	0.46	全暗渠	1.4m×1.0m
5	左支流-02	0.40	全暗渠	1.4m×1.0m
6	右支流	1.35	暗渠段 0.95km，明渠段 0.40km	4.0m×3.0m
7	右支流-01	0.63	暗渠段 0.20km，明渠段 0.43km	1.6m×2.6m
8	TH-01	0.14	全暗渠	3.0m×2.2m～3.0m×2.6m
渠涵长度合计			6.76km	

图 5.1-1 潭头河渠涵分布图

5.1.1.2 潭头河沿线规划排水口分析

根据茅洲河相关规划，对潭头河沿线的规划雨水口进行复核，共计 18 个规划雨水口。雨水管管径为 $DN600 \sim DN800$、雨水箱涵尺寸为 1.5m×1.5m～6.0m×3.0m。

5.1.1.3 潭头河沿线排水口分布情况分析

为确保河道水质，需对潭头河沿线各类排水口进行溯源调查，对排水口的类型、形式与尺寸等进行统一梳理分析。对于 1.5m×1.5m 以上满足人工排查要求的渠涵，除了利用常规物探测量手段外，可利用三维激光扫描仪辅助探测技术进行排水口调查。对尺寸在 1.5m×1.5m 以下的渠涵，因人工排查限制，暂不开展调查。

经过调查，潭头河渠涵（支流）沿线排水口的数量远超过规划的排水口数量。潭头河 8 条支流渠涵的排水口共计 224 个，磨圆涌为 19 个，磨圆涌-01 为 9

个，左支流为 88 个，左支流-01 为 0 个，左支流-02 为 0 个，右支流为 86 个，右支流-01 为 17 个，潭头河干流 TH-01 为 5 个。其中，$d<DN300$ 的排水口共计 92 个，占比 41%（分流制污水排水口 85 个，分流制雨水散排水口 7 个）；$DN300\leqslant d<DN600$ 的排水口共计 95 个，占比 42%（雨污混接雨水排水口 31 个，合流制截流溢流排水口 6 个，分流制雨水排水口 58 个）；$DN600\leqslant d<DN1000$ 的排水口共计 24 个，占比 11%（合流制截流溢流排水口 4 个，分流制雨水排水口 20 个）；$d\geqslant DN1000$ 的排水口共计 13 个，占比 6%，均为分流制雨水排水口。潭头河沿线渠涵排水口成果表见表 5.1-2。

表 5.1-2 潭头河沿线渠涵排水口成果表

序号	渠涵名称	$d<DN300$	$DN300\leqslant d<DN600$	$DN600\leqslant d<DN1000$	$d\geqslant DN1000$	合计
1	磨圆涌	0	15	4	0	19
2	磨圆涌-01	1	3	0	5	9
3	左支流	42	31	11	4	88
4	左支流-01	0	0	0	0	0
5	左支流-02	0	0	0	0	0
6	右支流	38	38	7	3	86
7	右支流-01	10	5	2	0	17
8	潭头河干流 TH-01	1	3	0	1	5
	合计	92	95	24	13	224
	占比	41%	42%	11%	6%	100%

5.1.1.4 潭头河沿线排水口雨水排放价值复核研究

排水口具有不同的排放属性。对于分流制污水排水口，可采用直接封堵的措施，彻底截断污水直排入河的通道，并将封堵处的污水接入周边市政污水系统内。

对于错接乱排、雨污混接等合流制排水口，可从源头做起，以排水小区为单元，做好管网的正本清源工作，从源头杜绝错接乱排，做细做实截污；对合流制截流溢流排水口进行改造时，根据现场实际情况，可封堵污水截流口，接入市政污水系统，同步保留雨水溢流通道进入市政雨水系统内；对面源污染严重的餐饮、商铺及洗车等排水单元，除了做好面源污水的收纳、设置弃流类相关设施如弃流井、调蓄池等之外，还需加强执法管控。错接乱排、雨污混接等合流制排水口经整治后，基本可保留并作为分流制雨水排水口。

针对分流制雨水排水口，可采取合理的方式进行归并，并与规划核对，合理保留部分分流制雨水排水口。

对保留的分流制雨水排水口进行编号，重点管控。下面结合现场实际情况，对潭头河沿线排水口梳理复核，重点讲述排水口的整治研究。

1. 潭头河沿线排水口封堵情况

根据现场调查，潭头河上述各渠涵均存在污水偷排漏排现象，暗渠水质黑臭、淤积严重。DN300 以下管径的排水口以分流制污水直排排水口为多，多为暗渠旁商户或居民私自埋设，管径较小，可重点进行封堵，并将封堵处的原污水接入周边市政污水系统。少部分 DN300 以下管径的分流制雨水直排排水口则通过岸上疏导，有组织地收集后归并到市政雨水系统。

经梳理，潭头河 DN300 以下小管径排水口共需封堵 85 个，其中 DN100 排水口 51 个，DN160 排水口 19 个，DN200 排水口 15 个；7 个分流制雨水直排排水口有组织接入市政雨水系统。

2. 潭头河沿线排水口归并及保留情况

根据调查情况，$d \geqslant DN300$ 的排水口数量共计 132 个。其中，对雨污混接雨水排水口，需做好正本清源工作，从源头杜绝错接乱排，共需整治 31 个，整治后为分流制雨水排水口。对合流制截流溢流排水口，需进行改造，根据现场实际情况，可封堵污水截流口，接入市政污水系统，同步保留雨水溢流通道进入市政雨水系统内，共需改造 10 个，改造后为分流制雨水排水口；$d \geqslant DN300$ 的分流制雨水排水口为 91 个。综上，需对潭头河沿线现状及改造后的分流制雨水排水口进行归并及保留，共计 132 个。

以潭头河芙蓉路段为例，芙蓉路东段约 600m 区间共设置了 9 个分流制雨水排水口，管径为 DN300～DN1000，主要收集路面雨水，最终排入潭头河。根据规划情况，此区间段仅设置一个 DN2000 的分流制雨水排水口，因此，可就近将此 9 个分流制雨水排水口进行归并，路段东西两侧分别设置 DN1000 雨水管道，接入 DN2000 规划雨水管内，保留的 DN2000 排水口可按潭头河渠涵及支流序号进行编号。潭头河芙蓉路段归并示意图见图 5.1－2。

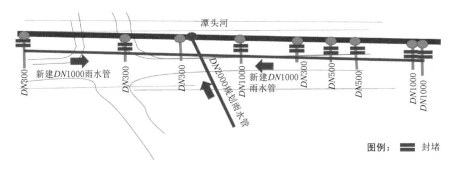

图 5.1－2　潭头河芙蓉路段归并示意图

潭头河沿线渠涵（支流）归并及保留情况如下：

（1）左支流排水口经归并及保留后，共计 14 个。左支流现状及改造后的分流制雨水排水口为 46 个（不小于 $DN300$），其中 41 个排水口可归并，归并后为 9 个排水口；5 个保留，不做归并处理。

（2）磨圆涌排水口经归并及保留后，共计 6 个。磨圆涌现状及改造后的分流制雨水排水口为 27 个（不小于 $DN300$），其中磨圆涌主干段 MY-M 有 19 个，磨圆涌暗渠 MY-01 有 8 个。27 个排水口皆可归并，归并后为 6 个排水口。

（3）右支流及右支流-01 排水口经归并及保留后，共计 17 个。右支流及右支流-01 现状及改造后的分流制雨水排水口为 55 个（不小于 $DN300$），其中 50 个排水口可归并，归并后为 12 个排水口；5 个保留，不做归并处理。

（4）潭头河 TH-01 排水口经归并及保留后，共计 2 个。该渠涵现状及改造后的分流制雨水排水口为 4 个（不小于 $DN300$），其中，3 个可归并，归并后为 1 个排水口；1 个保留，不做归并处理。

综上，潭头河沿线现状及改造后的分流制雨水排水口基于现场实际情况，并结合规划设计，最终保留排水口 37 个，新建管道 639m。

5.1.1.5　整治效果

整治前潭头河水质现状为重度黑臭。NH_3-N 浓度为 7.5mg/L，氧化还原电位浓度为 $-36mV$，溶解氧浓度为 0.19mg/L，透明度为 7.50cm。

2019 年 6 月测得数据显示，经过整治，潭头河各监测点位已不黑不臭。NH_3-N 浓度为 1.85mg/L，氧化还原电位浓度为 386mV，溶解氧浓度为 6.37mg/L，透明度为 25cm，整治效果显著，同时每个保留排水口均设立了"一口一牌"。2016 年和 2019 年潭头河河道情况见图 5.1-3。

（a）2016年　　　　　　　　　　　　　（b）2019年

图 5.1-3　2016 年和 2019 年潭头河河道情况

5.1.2　道生围涌整治

道生围涌主涌全长约 2.23km，河道上游支涵长度约 1km，断面尺寸在 1.5m×2.0m 和 2.7m×2.1m 之间。改造前，其末端常年有污水流出，河道长期水质检测结果显示，水质常年处于地表劣 V 类水平。

道生围涌暗涵整治于 2019 年启动，采用"暗涵清淤—暗涵排水口排查—岸上雨污分流改造"的技术改造思路。排查成果显示，暗涵中排水口总数为 136 个，其中有污水流出（排查期间）的排水口有 45 个。根据管径分布，排水口管径：$d \leqslant DN300$ 的有 98 个，$DN300 < d \leqslant DN600$ 的有 36 个，$d > DN600$ 的有 2 个（见表 5.1-3）。根据排水口调查结果及已有管线资料对排水口进行判定，在 45 个有污水流出的排水口中，污水直排排水口有 22 个，雨污水混流排水口 23 个。

表 5.1-3　　　　　　　　道生围涌支涵排水口调查情况

管径	旱季无水流出	旱季有水流出	现状排水口已废弃	小计
$d \leqslant DN300$	55	26	17	98
$DN300 < d \leqslant DN600$	18	18	0	36
$d > DN600$	1	1	0	2
合计	74	45	17	136

根据改造技术路线，本次改造的总体思路是将现状暗涵作为雨水通道，对于污水直排和雨污混接的污染源从岸上进行雨污分流改造，针对不同类型的排水口制定有针对性的整治方案，做到分类整治、精准治污。暗涵内排水口改造分为以下 3 类。

（1）沿涵污水直排水口改造。此类排水口多为小管径的出户管、化粪池出水管或者暗涵旁高层建筑的立管，以小管径管道为主。对这一类型的排水口，此次改造中在暗涵内部对其进行封堵，并在临涵的一侧新建污水管道，将污水接入市政污水管中。暗涵某一段有连续多个污水直排排水口接入暗涵内部中，通过在岸上新建污水管道，将各排水口串联接入道南侧市政路污水管中。

（2）混流排水口改造。在此次暗涵整治改造中，对于现状雨水排水口有污水混入的情况，采取源头整治的办法，保留现状排水口，在污染源头对污水错接点进行纠正。例如编号为 DSWC-44-L-ZH2-R-08 的排水口，排水口调查成果显示，此排水口管径为 800mm，排水口中有水流出且氨氮指标在 10mg/L 以上，初步判定有污水混入雨水管。通过岸上管线探测及现场排查发现，此排水口为暗涵东侧住宅小区的道路雨水排放通道，小区中有化粪池出水管错误地接入该段管道中，针对 DSWC-44-L-ZH2-R-08 的排水口，保留其雨水排放功能，将小区内上游化粪池就近改道接入小区内污水管道中。

（3）雨水排水口改造。针对现状暗涵中没有污水流出的雨水排水口，一般保留现状排水口。对面源污染较严重的区域，结合现场实际条件及下游管道承接能力，可选择设置雨水限流弃流设施或雨水调蓄池。除了上述排水口类型之外，还存在诸如合流制排水口溢流、已改造排水口渗水等其他类型排水口有水流出的情况，需要根据实际情况制定合理的改造方法。

对该段暗涵 45 个有水流出的问题排水口进行了改造，将暗涵内的 22 个污水直排排水口进行了封堵，就近接入市政污水管；对雨污混流的 23 个排水口进行污染源溯源后，在其上游进行整治。改造后暗涵雨水排水口总数为 114 个。对暗涵末端进行长期取样，取样结果见图 5.1-4。

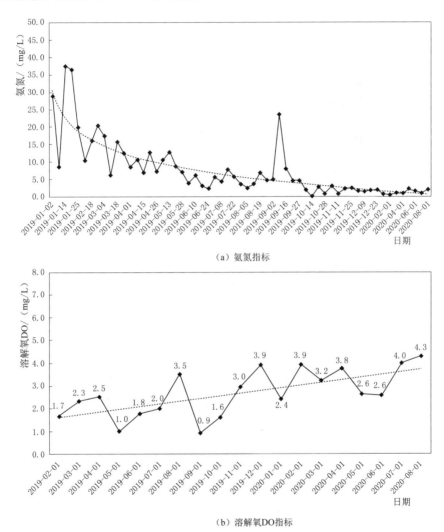

（a）氨氮指标

（b）溶解氧DO指标

图 5.1-4　整治前后道生围涌出口水质变化

本项目实施时间为 2019 年年中，水质长期检测结果显示，自项目实施以来氨氮浓度逐月出现下降趋势，在 2019 年上半年氨氮均值为 15.7mg/L，2019 年下半年均值为 4.36mg/L，其中后两个月均值为 1.98mg/L。溶解氧自 2019 年以来均值有所上升，2020 年溶解氧均值在 3.4mg/L，2018 年均值为 1.63mg/L。2020 年以来氨氮在 1—3 月均值浓度为 0.71mg/L，4 月进入雨季以来略有上升，氨氮均值浓度为 1.66mg/L 左右，但总体均值均维持在 2.0mg/L 以内，基本实现黑臭水体的消除。结合排水口水量数据预测，改造后周边地区新增加污水收集量约 700m³/d。该段 3.3km 长的暗涵排水口整治合计新建管道约 650m，合计投资低于 200 万元，但排水口整治前置工程如暗涵淤泥清除、安全检修孔设置等投资较大，该段暗涵排水口整治工程投资约占到暗涵整治总投资的 20%，见图 5.1-5。

（a）整治前

（b）整治后

图 5.1-5　整治前后道生围涌出口

5.1.3　木墩河暗涵整治

木墩河暗渠段位于茅洲河支流木墩河上游，在光明片区核心商业区，是一条总长 1.5km 的暗渠，其河心路商业街段长约 1.2km。整治前的木墩河暗涵内存在大量直排水口，且两岸老旧小区正本清源未实现全覆盖，导致暗涵内存在大量淤泥、垃圾，不仅带来了极大的清疏压力，还大大危害了木墩河乃至茅洲河的水质。另外，此段暗涵主体结构还存在侧墙变形沉降、盖板开裂漏筋、防洪标准偏低等多种安全隐患，见图 5.1 - 6。

图 5.1 - 6　施工中的木墩河

为啃下这块"硬骨头"，整治时将河心路核心地段 920m 暗涵河道实施暗渠复明，打造集净水、品水、玩水、观水于一体的光明区水岸地标，新建水质优化与景观提升兼备的旁路湿地、商业休闲与品水空间结合的开放河道等样板模块。同时配合各类控源截污措施，在流域内新建初雨截流管 5.2km，补充实施正本清源地块 19 个、错接乱排 57 处、拆除点截污 21 处，让木墩河实现了从全面消黑到雨季水质达标。

如今的木墩河，已重获新生，成为深圳版的"清溪川"，变身为人与自然完美融合的典范。它不仅为光明区增加了休闲景观河流，还提升了光明老城区的整体城市品质和人民幸福感（见图 5.1 - 7）。

5.1.4　龙津涌整治

5.1.4.1　基本情况

龙津涌全长约 750m，位于深圳市宝安区沙井街道，属于茅洲河流域衙边涌水系。整条河道穿越沙井古墟，该地区也是深圳历史最悠久的城中村之一，年代

图 5.1-7　改造后的木墩河

最久的建筑可上溯至宋代，是深圳为数不多的具有历史意义的地区之一（见图 5.1-8）。

图 5.1-8　龙津涌周边沙井古墟

整治前水质检测结果显示，龙津涌水体各项指标均达到黑臭水体标准，周边气味较大，严重影响了附近居民的生活。通过对现场调研发现，龙津涌整段河道明暗相间，其中两侧大量小尺寸排水渠涵汇入，两岸建筑污水直排，周边地区排水系统不完善，现状水动力条件差。

龙津涌周边多为老旧房屋，巷道空间极其狭窄，在地下敷设污水管道收集系统实施难度大，并且对周边建筑结构安全有较大影响。本次改造结合上述总体技术路线，结合龙津涌自身特点，主要通过岸下渠道改造、岸上城中村改造、再生水补水等工程措施来对龙津涌进行治理。龙津涌改造前上游巷道及汇水渠道见图 5.1-9。

根据现状河道断面的调查结果，龙津涌整体断面宽度为 1.2～3.6m，部分区段房屋基础紧邻河道堤岸，中游区域两侧或单侧仅留有人行步道。为防止污水流入河道，需要对两岸直排排水口和混流排水口的污水进行收集，但由于现状条件限制，在两侧新建截污管道无法实现全线贯通。因此，本次设计对现状渠道进行了改造，以实现对两侧污水进行收集的目的。

5.1.4.2　改造方法

针对有限空间截污管渠的设计，本次对龙津涌渠道改造主要有两种形式。按照现状河道宽度进行分类，断面宽度较大时，在河底左右两侧新建

图 5.1-9　龙津涌改造前上游
巷道及汇水渠道

截污沟渠，河道两侧的污水管道通过立管沿着两侧挡墙接入到截污渠中。对于现状两岸的雨污水混流沟，参考槽式截流井的做法，在排放到河道之前做小方井，小方井下留截污槽，槽内底连接截污管道，将旱季污水截流到截污渠中。河道断面宽度较小时，考虑分层设置清水和污水通道，底部为污水通道，上部为雨水通道，河道两侧的直排污水管做法与第一类改造方法相同，两种渠道改造方案见图 5.1-10。

在对渠道进行改造时，每隔一段距离设置检修密封井盖或密封可开活动盖板，以方便旱季时维护清淤。整治完成后，在每年雨季来临前对截污渠内的淤泥进行清除，通常可参考管道清淤方法，采用高压水枪冲洗或清渣器来对淤泥进行清除。

通过渠道改造，污水排放到河道的问题可以得到有效解决。然而，两岸建筑物原有排水依靠建筑之间的排水沟，缺少独立的污水收集系统。龙津涌两岸建筑多为狭窄巷道，平均宽度在 1.5m 左右，最窄的巷道不足 0.5m。由于客观条件限制，本次岸上城中村排水改造本着"污水能收尽收、雨水有序排放"的原则，最大限度地将污水收集到管道中。

对于巷道宽度小于 1m、两侧均有污水排放的区段，拟沿原排水沟排水线路，在排水沟底部敷设污水管道，在每个出户管接入点设置顺水三通检修口，三通检修口上部设置雨水口，一方面收集路面雨水；另一方面可作为污水检修口。二层以上的立管则通过直角弯头组合接入到污水管道，顺排水沟方向接入下游污水

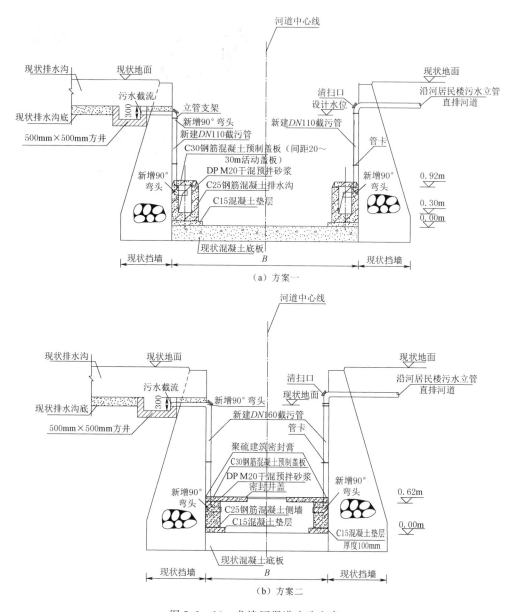

图 5.1-10　龙津河渠道改造方案

管，在旱季时通过底部污水管收集污水，降雨时雨水顺着排水沟排出，具体见图 5.1-11。

对于巷道大于 1m、巷道有污水排出的情况，拟对原有排水沟进行拆除，在原排水沟槽底部敷设污水管道，污水检查口做法同方案一，在巷道一侧新建与原尺寸相同的排水沟收集路面雨水，屋顶雨水则通过立管断接管排入雨水沟内。

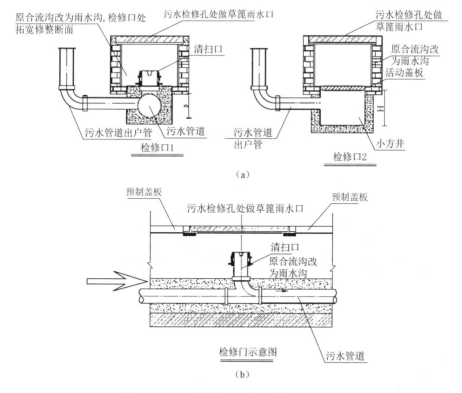

图 5.1-11 龙津涌上游汇水渠道改造方案

对于巷道宽度小于 1m 的极窄巷道且一层无污水排出的窄巷道，由于几乎没有管道埋地条件，污水收集参考室内排水横支管的做法，利用管卡将污水管道固定在建筑一侧，明管将污水引入下游，出户管接入点接弯头检修口。当极窄巷道一层有污水排出时，地面雨水以局部散排为主。

通过渠道和城中村改造，基本解决了污水直排入河的问题。但龙津涌在旱季时几乎呈现干涸状态，污水处理厂处理后的再生水，当水质达到相关要求时可作为较好的河道生态水源。考虑龙津涌距离居民区很近，且具有一定的景观提升价值，本次拟利用现状再生水管网引水对龙津涌河道水进行补充。

5.1.4.3 改造效果

龙津涌经过渠道改造和周边排水完善等一系列工程措施的整治，效果明显，基本解决了周边污水直接排放入河道的情况，改善了河道生态面貌。通过再生水利用、底泥清淤以及相关景观措施改造，进一步提升了沿线休憩空间，改善了周边居民的生活质量。

在龙津涌进行整治前，由于水体黑臭严重，河道全部用围挡或围栏遮挡，以尽量减少其对周边居民的影响（见图 5.1-12）。尽管如此，龙津涌的恶臭味难以遮盖。整治后的龙津涌水质得到了明显提升，随着水质的改善，周边也启动了相关旧城区文化改造工程，原来人人避而弃之的臭水沟，如今已成为居民休闲娱乐的打卡点（见图5.1-13）。

（a）　　　　　　　　　　　　　（b）

图 5.1-12　改造前龙津涌水质黑臭严重

（a）　　　　　　　　　　　　　（b）

图 5.1-13　龙津涌整治后的变化情况

5.1.5　小型排水渠整治

5.1.5.1　小型排水渠特点

旧合流制排水管渠系统的改造是一项复杂的系统工程。改造措施应根据城市的具体情况，综合考虑污水水质、水量、水文、气象条件、资金条件、现场施工条件等因素，结合城市排水规划，在尽可能确保水体减少污染的同时，充分利用原有管渠，实现保护环境和节约投资的双重目标。

现状小型排水渠主要存在以下一些问题：①老旧城区由于建设年代久远，受限于当时资金及施工条件，沟渠主要采用砖砌或浆砌石结构，年久失修及长久的冲刷导致表面的防水砂浆已基本脱落，受污染的周边土中的污水沿着砖缝或石缝渗入排水沟渠中，最终汇集成细流进入附近河道，影响河道水质的安全达标，见图 5.1－14（a）。②前期在建设沟渠时埋深都较浅，明沟、盖板沟占比大，大量综合管线横穿沟渠，严重侵占了过流断面。受限于地形条件，倒坡现象也较为严重。由于运行维护不及时，排水沟中容易出现积水、水流不畅的现象，见图 5.1－14（b）。③污水溯源是一项非常复杂和困难的工作，难免存在排查不到位的情况，特别是偷排的污染源，埋设于地下，给溯源工作带来了极大的挑战。另外，排水沟渠两侧有沿街餐饮店的区域面源污染较为严重，大量面源污染通过现状的盖板沟上的缝隙进入沟渠中，见图 5.1－14（c）。④由于沟渠埋深较浅，也给沿途的商户或居民提供了有利的私接乱排的条件，这给运维部门提出了更高的要求，大大增加了维护成本，见图 5.1－14（d）。

（a）防水砂浆脱落

（b）异物穿入

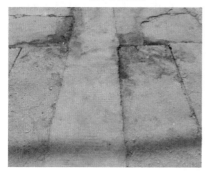
（c）面源污染

（d）沿街商户私接乱排

图 5.1－14　小型排水渠现状

5.1.5.2 改造方法

为解决现状排水沟渠存在的合流问题，在前期已进行污水溯源的基础上，将现状破损严重的合流沟渠翻建为排水管，有效地解决了现状沟渠无法彻底进行雨污分流的问题。同时，在挖除现状排水渠涵的过程中也发现了前期通过排查手段无法探明的管网暗接情况。

以茅洲河宝安片区金元四路为例，位于道路两侧的现状 500mm×800mm 盖板沟作为雨水收集通道，主要收集附近厂区的雨水。现状盖板沟由南向北流入潭头河磨圆涌支流，由于现状排水沟年久失修，破损严重，厂区内产生的面源污染直接通过盖板缝隙进入沟渠，最终流入河道。为有效解决现状沟渠难以实现分流的问题，提出采用异位新建雨水管的方案，并对道路两侧现状排水沟进行填埋处理。

根据深圳市暴雨强度公式，结合最新雨水规划，拟建管道汇水面积为 1.5hm^2，设计 DN600～DN800 雨水管，自北向南汇入下游新和大道市政雨水主干管，整体埋深为 1～1.2m，全长约 555m，同时在道路两侧设计雨水口。对现状 500mm×800mm 盖板沟进行废除回填处理。建成后的道路保持了雨污水系统各一套，实现了雨污水的有组织排放。

5.1.5.3 小型排水渠复明

茅洲河步涌排洪渠段复明，原暗渠为浆砌石挡墙、钢筋混凝土盖板结构形式，全长 665m，从新和大道雨水主管开始沿工业一路流至步涌大洋田泵站前池，最终汇入沙井河。其中，SJ0+000～SJ0+420（工业一路）为矩形断面暗渠，规模为 2.5m×1.7m～2.5m×3.1m；SJ0+420～SJ0+665（工业区）段为同类型暗渠，其规模为 2.5m×3.2m～5.6m×2.8m。暗渠全线为现状工业区，平均纵坡为 0.4‰（见图 5.1-15）。

深圳市相关文件中明确指出，要有序推进全市暗河、暗渠箱涵复明及沿线更新改造工程，故对 SJ0+000～SJ0+665 段（工业一路至泵站前池）盖板暗渠采用复明处理的工程措施，见图 5.1-16 和图 5.1-17。

因全段暗涵位于工业区中，紧邻道路，故保留厂区门口暗渠盖板并加设栏杆保障安全。右岸进行两部分景观提升：①右岸挡墙放置素混凝土花槽；②厂区围墙区域覆盖绿植（翠芦莉、琴叶珊瑚等）。

广东省、深圳市污染防治攻坚战指挥部和深圳市委市政府"水污染治理成效巩固管理提升年"决策部署中指出，要逐步实现从明渠补水向暗渠、支汊流补水延伸。通过实施再生水补水工程来增加河道的水流量、提高水体自净能力、改善茅洲河流域支流和干流的水质，同时增加城市河道景观、提高周边居民生活质量（见图 5.1-18）。

图 5.1－15　步涌排洪渠复明段平面图

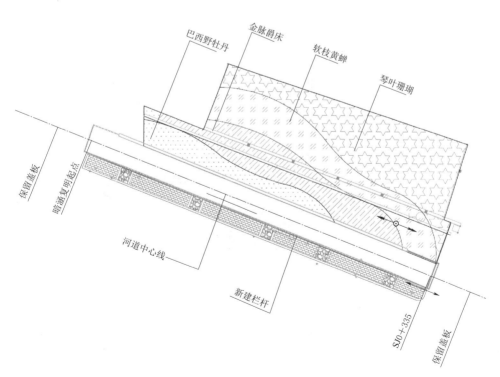

图 5.1－16　复明改造平面示意图

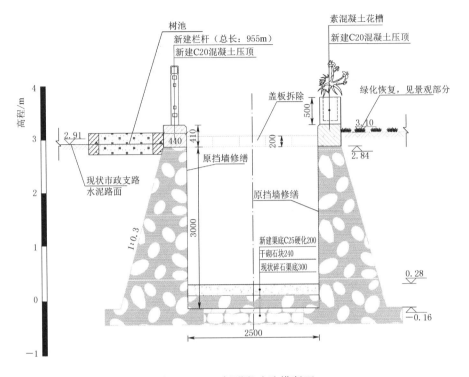

图 5.1-17 复明段改造横断面

图 5.1-18 复明段实景

5.2 其他暗涵整治案例

5.2.1 福永河

　　福永河发源于深圳宝安区白石厦社区大庙山，由东向西流经福永街道白石厦、怀德、福永、新和 4 个社区后注入珠江口。福永河是大空港和宝安国际机场的门面河，河长 7.7km，总流域面积 29km²，有 3 条支流。其中福永河福永街道辖区（暗渠段）约 3.1km，起源于白石厦社区龙王庙，流经白石厦、聚福、怀德、福永等社区，至福永河水闸止，下游明渠段（福海街道辖区）约 4.6km。福永河暗渠段为 1999 年建设，采用钢筋混凝土结构，宽度 10～15m 不等，深约3m，盖板厚度 55cm。

根据全国黑臭水体排查结果，福永河从源头到入海口河段为重度黑臭，其黑臭水体长度为 7.41km，黑臭范围为全河段。河道治理前开展的污染源调查结果表明，福永河沿岸共有污水排水口 6 个，存在污水入河现象，日入河污水量约为10.5 万 m³，污染底泥总量约为 33.8 万 m³。

根据河道水质监测成果，福永河水质属于劣 V 类地表水，其中 COD、五日生化需氧量（BOD₅）、氨氮、总磷指标均远超过《地表水环境质量标准》（GB 3838—2002）V 类水标准。具体见表 5.2－1。

表 5.2－1　　　　　　2016 年福永河水质监测数据　　　　单位：mg/L

位置	日期	COD	BOD₅	NH₃－N	TP
A	1 月 8 日	122.0	61.6	15.13	2.08
	4 月 9 日	75.3	36.2	11.94	1.46
	7 月 2 日	75.2	29.8	2.04	0.69
	10 月 13 日	156.0	67.4	2.89	0.58
B	1 月 17 日	79.4	23.5	10.81	1.50
	4 月 16 日	155.2	82.8	43.34	5.73
	7 月 23 日	90.1	31.2	24.22	2.77
	10 月 23 日	140.7	39.8	22.04	2.29
C	1 月 16 日	115.0	34.9	14.34	3.41
	1 月 16 日	70.6	27.8	8.36	0.98
	7 月 23 日	37.9	13.0	6.23	0.80
	10 月 23 日	82.9	30.8	27.46	1.18
地表水 V 类水标准		40	10	2	0.4

为解决福永河的黑臭问题，深圳宝安水务部门组织实施了 2 项主体工程，分别是福永河暗涵清淤及修复工程和孖庙涌黑臭水体治理工程（福永河补水工程）。福海街道组织实施了 4 项主体工程，分别是福永河水环境综合整治工程（福永河截污工程）、福永河水环境综合整治工程（福永河清淤工程）、福永河水环境综合整治工程（福永河暗涵清淤工程）和福永河水环境综合整治工程（补水工程）。

5.2.1.1　暗涵清淤工程

福永河暗涵内排水口较多，结构错综复杂，排查溯源耗时长、难度大。有些暗涵内长年封闭，淤积了大量的淤泥杂物，最大淤积深度超过了 3m，清理难度大。在福永河暗涵整治过程中，深圳市宝安区水务建设团队始终坚持"全域雨污分流，实施三全治理"的技术路线，通过加强溯源纳污污水排水口、点源整治工作，实现污水全收集；通过新建雨污管网，老旧管网改造、清淤等实现全分流；通过河道整治、明渠暗涵清淤等实现内源消减；通过加强现场安全及文明施工，确保了现场施工安全工作有序可控（见图 5.2 - 1）。

（a）整治前

（b）整治后

图 5.2 - 1　福永河暗涵整治前后对比

在整治工程中，深圳市宝安区水务建设团队按照"清淤、截污、排水口溯源、正本清源"四步法的策略，将爬行式 CCTV 机器人、智能管涵检测系统、三维扫描飞行器、两栖清淤船、联合吸污车、清淤抓斗车等一大批新技术、新设备应用到暗涵整治这个大战场上。

5.2.1.2　河道截污方案措施

受城市污水管网建设时间及空间限制，现状污水管网基本沿现状及规划市政道路布置，河道两岸污水截污盲区大。为彻底控制河道污染问题，沿河道两岸新建污水截排系统，减少入河污染量。

为此提出在已建的截污管网基础上，维持现有 $n_0 = 2$ 的截流倍数，沿河道两侧新建沿河截流管道，实现旱季入河污水 100% 截流。福永河截污方案见图 5.2-2。

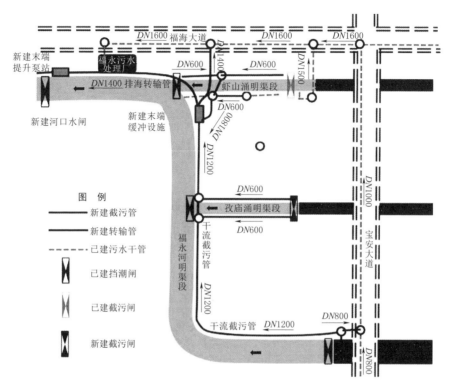

图 5.2-2　福永河截污方案示意图

5.2.2　双界河安乐渠整治

5.2.2.1　概况

安乐渠属于双界河一级支流，河道起点位于深圳南海立交下方北环大道右侧处，于双界河宝安大道上游汇入双界河。安乐渠主河道全长 1432m，中下部存在长 395m 的明渠，河道上游由两条市政雨水箱涵连通河道，市政雨水箱涵分布于北环大道两侧机动车道下部，分别长约 1879m 和 962m，雨水箱涵最终与市政雨水管相接，管径为 0.6～1.2m。

安乐渠流域地处低纬南亚热带地区，流域面积为 1.69km²，气象特征是高湿多雨，日照长。雨量年内分配不均，汛期 4—9 月的降雨量约占年雨量的 85%，年际变化大。临近流域的铁岗雨量站资料表明：多年平均年降雨量为 1578.0mm，年最大降雨量为 2382.4mm，年最小降雨量为 777.0mm，年最大降雨量是年最小降雨量的 3.1 倍。多年平均气温为 22.4℃，极端最高气温为 38.7℃，极端最低气温为 0.2℃，多年平均湿度为 73%，多年平均年蒸发量为 1322.0mm。常年主导风向为东南风，冬季多为东北风，多年平均风速为 3.2m/s。

5.2.2.2　存在的问题

安乐渠存在以下几个主要问题，该类问题也是目前城市小流域河道存在的普遍性问题。

（1）河道暗渠化严重。安乐渠主河道全长 1432m，明渠段长 395m，暗渠化达 72.4%，其支流已 100% 暗渠化。

（2）生态系统脆弱。安乐渠河岸硬质化达 100%，河床硬质化达 73%，其支流河床、河岸硬质化达 100%，河道内鱼虾基本灭绝，河道水质均不达地表 V 类标准。明渠段岸坡植被种类单一，位于高架桥下，长期无阳光照射。

（3）河道水质污染严重。安乐渠河道内水体黑臭明显，底泥淤积严重，水质检测 BOD、COD、氨氮、总磷、溶解氧均远超地表 V 类标准。

（4）河道直接承接城市雨水管。安乐渠河道两岸有大量雨水管直接接入。

（5）运维管理难度大。河道暗渠化严重，基本位于市政道路下方，管理人员无法定期进行有效巡视；河道流域面积小，容易被长期忽视，无专人进行管理，也未进行系统化、专业化管理及研究。

（6）施工难度大。施工区域均处于主要市政道路范围内，涉及临时交通管制，以及电力、电信、给水、燃气等管线迁改保护等问题，涉及多个行政管理部门；施工机械进出场困难或无法进场，暗涵内材料运输、施工操作、施工员逃生等空间有限；施工属于有限空间作业，该类施工危险系数大、施工及管理难度大。

（7）整体打造施展空间有限。河道位于建城区，两岸用地均已有详细规划，并两岸房屋林立，明渠段长度有限，可施展空间有限。

5.2.2.3　治理总体思路

针对安乐渠现状情况，从水安全治理、水质改善、水生态修复、水景观 4 个方面进行考虑，提出了"三清源、一保质、一修复、一达标"的总体治理思路，"三清源"即控制外源、削减内源、污染源溯源；"一保质"为保障暗渠水质；"一修复"为有限生态修复；"一达标"为河道防洪达标。

5.2.2.4　具体措施

1. 控制外源

控制外源的主要手段为小区的正本清源、河道沿河截污。控制外源是河道水质改善最直接有效的工程措施，也是采取其他技术措施的前提。通过正本清源的实施，可以有效控制末端污染源入河，达到源头雨污分流的目的。考虑到少许偷排、漏排情况，地下雨水管线无法 100% 保证全部雨污分流成功，通过在箱涵设置截流槽、截流管将没有纳入雨污分流系统的污水进行截流，最大限度实现雨污分流，进行现状雨污混流整改，消除现有点源，杜绝新增污染源的产生。

2．削减内源

河道底泥污染是河道水质污染的主要原因之一。底泥中含有工业污染混合物、生活污染混合物等，对河道进行清淤疏浚是削减内源污染的必备手段。它可快速降低黑臭水体的内源污染负荷，避免其他治理措施实施后，污泥污染物向水体释放，致使河道水质出现反复。

3．污染源溯源

对河道两岸沿线混流、污水排水口进行溯源排查，查出污染源。一般污染源主要为雨污水管接驳错误、污水管破损、小区内雨污混流管等。因此，须对市政雨污水管进行错接整改、雨污分流、破损替换或修复。

4．水质保质

水质保质措施主要是采用河道内设置水质净化处理设施。它主要采用接触氧化工艺，通过生物氧化法减少雨季污染物入河对河道水质的污染，可在河床或有条件的地方分段设置净化设施。净化设施主要原理是通过生物处理方式有效降低水中的 NH_3-N，提高水体溶解氧、氧化还原电位，减少雨季污染物。有条件的可对河道进行补水。

5．有限生态修复

安乐渠虽然生态环境基础薄弱，但也应考虑在有条件位置即河道明渠段进行有限的生态景观修复。有限的修复手段包括对硬质驳岸拆除重建成生态性驳岸或进行景观植物软性化遮挡，对硬质河床软处理后可分层次种植一些沉水植物、浮水植物和挺水植物，对岸上进行生态景观设计，对河道进行生态景观补水等。

6．水安全达标治理

经过多年发展，深圳市主要河流基本完成河道综合整理，其防洪能力已达规划标准，但一些小支流的局部河段行洪断面依旧无法满足相应的防洪标准要求。在河道进行水环境综合治理时，需同步考虑河道行洪安全的复核，对不满足行洪安全的河段须结合景观布置进行河床拓宽或河岸加高等处理措施。特别是，在箱涵内铺设沿河截流管等设施将缩小箱涵的行洪断面，对河道行洪安全影响比较大，因此更需要对河道行洪安全进行复核。水环境综合治理最终的方案确定需结合生态景观、行洪安全、水质保障等多种需求进行选取。

7．有限空间作业施工措施

有限空间是指封闭或者部分封闭，与外界相对隔离，出入口较为狭窄，自然通风状况不良，易发生中毒和窒息、淹溺、触电、塌方、火灾、爆炸等事故的空间（如暗渠、暗涵化河道）。城市小流域河道的暗渠属于有限空间，在暗渠、暗涵进行施工作业即为有限空间作业。

勘察设计单位前期需对现场进行精细化查勘，查勘内容包括道路结构、箱涵边线 20m 范围内的综合管线、暗涵结构、暗涵尺寸、上下游出水口尺寸、上游排水户等。施工组织设计方案中须考虑防毒、通风、检测、防护、照明、安全带、通信设备、应急救援设备等措施；须考虑机械、材料等进出场位置选点方案，条件较好处可利用箱涵上下游进、出口，条件较差处建议对箱涵进行破口，建议破口间距为 100m /处；须考虑工作人员逃生方案，每 40m 设置一处逃生口或另外设置一条避水逃生通道；须对上游排水个体户进行摸查，理清排水户排水规律，做好上游来水导流及工作人员撤离工作；须复核旱季水量，结合现场实际情况进行围堰导流措施。同时，勘察设计单位须密切与施工单位进行沟通交流，及时发现并处理施工中存在的问题。

5.2.3　深圳市福田区暗涵治理案例

5.2.3.1　概况

深圳市福田区暗涵清淤和截污工程范围包括福田区凤塘河、新洲河、皇岗河、福田河、笔架山河（福田区段），暗涵总长约 47661m。其中，凤塘河干流及其 6 条支流暗涵总长约 21580m；皇岗河暗涵长约 3560m；福田河上游及其 5 条支流暗涵总长约 7220m；笔架山河福田段暗涵长约 2000m；新洲河及局部明渠和其 5 条支流暗涵长约 13301m。

5.2.3.2　清淤工程

综合考虑实际情况，结合各清淤技术的实施条件，从减少周边生活环境影响、清淤方案适用性和造价等方面综合考虑，采用人工配合机械清淤的实施方案。为保证工期，上下游多个工作段同时施工，清淤过程中遵循"从上游往下游，场地优先"的原则有序进行暗涵清淤，保证清淤彻底，利用现有以及新建检查井，每 60m 设置一个通风井作为材料以及人员通道。通过对暗涵内清淤过程、运输过程、固化过程、后期养护过程进行全程监控，并采取实验室自检、第三方检测、环保部门抽检、样品采集质量控制等手段，确保清淤工程全程受控。清淤工程路线见图 5.2－3。

5.2.3.3　截污工程

本次设计截污管均在暗涵内敷设，采用明敷方式施工，截污工程同淤泥处理同步实施。末端接驳为开挖埋管方式施工。暗涵内截污管道采用人工安装方式，采取混凝土外包明敷模式。管道集中区域管道外包混凝土用混凝土输送泵输送到

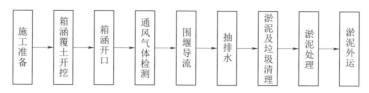

图 5.2-3　清淤工程路线图

作业面。其他区域用混凝土罐车运输
到检查井，检查井下采用小型斗车接
料运输到作业面的方式，截污工程路
线与效果见图 5.2-4 和图 5.2-5。

　　本工程截污管材采用高性能硬聚
氯乙烯（PVC-UH）管，检查井采用
圆形污水塑料检查井及圆形塑料截
流井。

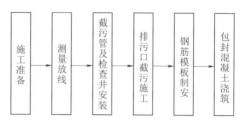

图 5.2-4　截污工程路线图

（a）整治前

（b）整治后

图 5.2-5　福田河暗涵整治前后效果

第6章

总 结 与 展 望

本书介绍了排水暗涵污染物溯源调查、排水口分类改造、暗涵截污以及暗涵运维的管理方法，并介绍了暗涵整治案例，总结如下：

（1）暗涵作为重要的城市排水设施，其排水功能关系着城市生态环境治理的成功与否。目前我国针对暗涵排水口技术以及数据采集等技术已经开展了较多工作，本书分析了暗涵相关排水口技术改造的排查方法，根据分流制排水体制制定了相应的判定方法；针对暗涵中的污染物制定了暗涵溯源的调查方法，为其他城市暗涵整治提供借鉴。

（2）根据城市暗涵的分布特点，暗涵排水形式改造分为岸上排水口分类改造以及暗涵截污改造。根据暗涵排水口分类判定方法，对不同排水区域制定了有针对性的改造措施。针对暗涵上游汇水范围内不同类型的现状排水体制，结合暗涵排水形式的特点，制定了不同的改造方法。针对暗涵截污技术，本书从问题分析到类型判定，结合相关类似经验，制定了多重改造策略，为暗涵分流改造提供了多样化的方法。

（3）本书结合暗涵的排水特点和现有的排水管理模式，制定了排水暗涵排水口数据统计的方法。为了更加方便地对暗涵进行维护管养，对暗涵检修设施进行了局部改造方法的研究，城市暗涵相对于其他类型排水设施有诸多个性化的特点，针对暗涵开孔形式、恢复方法、入涵前排水口改造，从维修周期、维修难度、监测等角度提出暗涵维护设施改造的思路。

暗涵作为雨水入河收集过程中重要的一环，具有一定的隐蔽性，在水环境治理过程往往容易被忽视。根据茅洲河治理的经验，暗涵对河道水质的影响是巨大的，因此对于暗涵分布广泛的地区，尤其是在高密度建成区，暗涵整治应作为城市水环境提升的重点工作之一。

目前，国内关于暗涵综合整治的应用案例并不多且处于起步探索阶段，因此本书介绍的部分方法与技术，在实际应用过程中还存在不成熟的地方。在后续相关理论研究与实践过程中，将对暗涵整治改造开展更为深入的研究，以提升我国水环境质量，并完善市政基础设施的管理水平。

参 考 文 献

［1］ 深圳市统计局. 深圳统计年鉴 2014 ［M］. 北京：中国统计出版社，2014.

［2］ 唐建国，张悦，梅晓洁. 城镇排水系统提质增效的方法与措施 ［J］. 给水排水，2019，55 (4)：30 - 38.

［3］ 郭坤，曾新民，方阳生. 闸门自动控制系统在河网地区截污工程中的应用 ［J］. 给水排水，2012，48 (4)：121 - 124.

［4］ 高郑娟，孙朝霞，贾海峰. 旋流分离技术在雨水径流和合流制溢流污染控制中的应用进展 ［J］. 建设科技，2019 (z1)：96 - 100.

［5］ 孙巍，张文胜. 武汉市黄孝河合流制溢流污染控制系统设计 ［J］. 给水排水，2019，55 (12)：9 - 12.

［6］ 徐祖信，徐晋，金伟，等. 我国城市黑臭水体治理面临的挑战与机遇 ［J］. 给水排水，2019，55 (3)：1 - 5，77.

［7］ 叶龙. 黑臭水体河涌污水排放口溯源技术解析 ［J］. 科技与创新，2019 (8)：65 - 66，68.

［8］ 曾玉蛟. 北京老城胡同平房区雨污分流改造研究 ［J］. 中国给水排水，2020，36 (14)：56 - 60.

［9］ 段腾腾，耿震，胡邦，等. 城市河道综合治理中的暗涵整治 ［J］. 中国给水排水，2019，35 (10)：115 - 118.

［10］ 李骏飞，孟凡松，张慧君. 广州市中支涌黑臭水体整治实践 ［J］. 给水排水，2021，57 (5)：62 - 66.

［11］ 徐祖信，王诗婧，尹海龙，等. 污水管网中雨水混接来源的高效诊断方法 ［J］. 同济大学学报（自然科学版），2017，45 (3)：384 - 390.